探索奥秘世界百科丛书

探索无穷宇宙奥秘

谢宇 主编

花山文艺出版社

河北·石家庄

图书在版编目（CIP）数据

探索无穷宇宙奥秘 / 谢宇主编. — 石家庄 ：花山
文艺出版社，2012（2022.3重印）
　（探索奥秘世界百科丛书）
　ISBN 978-7-5511-0670-2

　Ⅰ．①探… Ⅱ．①谢… Ⅲ．①宇宙－青年读物②宇宙
－少年读物 Ⅳ．①P159-49

　　中国版本图书馆CIP数据核字(2012)第248722号

丛 书 名：探索奥秘世界百科丛书
书　　名：探索无穷宇宙奥秘
主　　编：谢　宇
责任编辑：李倩迪
封面设计：袁　野
美术编辑：胡彤亮
出版发行：花山文艺出版社（邮政编码：050061）
　　　　　　（河北省石家庄市友谊北大街 330号）
销售热线：0311-88643221
传　　真：0311-88643234
印　　刷：北京一鑫印务有限责任公司
经　　销：新华书店
开　　本：700×1000　1/16
印　　张：10
字　　数：150千字
版　　次：2013年1月第1版
　　　　　　2022年3月第2次印刷
书　　号：ISBN 978-7-5511-0670-2
定　　价：38.00元

前　言

我们生活的世界，是个十分有趣、错综复杂而又充满神秘的世界。然而，正是这样一个奇妙无比的世界，为我们提供了一个领略无穷奥秘的机会，更为我们提供了一个永无止境的探索空间……

在浩瀚的宇宙中，蕴藏着包罗万象的无穷奥秘；在我们生活的地球上，存在着众多扑朔迷离的奇异现象；在千变万化的自然界中，存在着种种奇异的超自然现象。所有的这些，都笼罩在一种神秘的气氛中，令人费解。直到今天，人们依旧不能完全揭开这些未知奥秘的神秘面纱。也正因如此，科学家们以及具有旺盛求知欲的爱好者对这些未知的奥秘有着浓厚的探索兴趣。每一个疑问都激发人们探索的力量，每一步探索都使人类的智慧得以提升。

为了更好地激发青少年朋友们的求知欲，最大程度地满足青少年朋友的好奇心，最大限度地拓宽青少年朋友的视野，我们特意编写了这套"探索奥秘世界百科"丛书，丛书分为《探索中华历史奥秘》《探索世界历史奥秘》《探索巨额宝藏奥秘》《探索考古发掘奥秘》《探索地理发现奥秘》《探索远逝文明奥秘》《探索外星文明奥秘》《探索人类发展奥秘》《探索无穷宇宙奥秘》《探索神奇自然奥秘》十册，丛书将自然之谜、神秘宝藏、宇宙奥秘、考古谜团等方面最经典的奥秘以及未解谜团——呈现在青少年朋友们的面前。并从科学的角度出发，将所有扑朔迷离的神秘现象娓娓道来，与青少年朋友们一起畅游瑰丽多姿的奥秘世界，一起探索令人费解的科学疑云。

丛书对世界上一些尚未破解的神秘现象产生的原理进行了生动的剖析，揭示出谜团背后隐藏的玄机；讲述了人类探索这些奥秘的进程，尚存的种种疑惑以及各种大胆的推测。有些内容现在已经有了科学的解释，有些内容尚待进一步研究。相信随着科学技术的不断发展，随着人类对地球、外星文明探索的进展，相关的未解之谜将会一个个被揭开，这也是丛书编写者以及广大读者们的共同心愿。

丛书集知识性、趣味性于一体，能够使青少年读者在领略大量未知神奇现象的同时，正确了解和认识我们生活的这个世界，能够启迪智慧、开阔视野、增长知识，激发科学探寻的热情和挑战自我的勇气！让广大青少年读者学习更加丰富全面的课外知识，掌握开启未知世界的智慧之门！

朋友们，现在，就让我们翻开书，一起去探索世界的无穷奥秘吧！

编者
2012年8月

目　　录

宇宙究竟从何而来

◉ ◉ ◉ ◉ ◉ ◉ ◉ ◉

虽然现在早已进入21世纪，但千年的狂欢不会让人忘掉一切，纪元的更迭也无法带走一切疑问，在当今世纪，仍然有许多长期困惑着我们的问题在心头萦绕。20世纪末，科学家们对哈勃太空望远镜观测到的一些现象进行分析后发现，宇宙大爆炸理论出现了矛盾，宇宙可能并非由大爆炸开始的。倘若真的如此，宇宙又是从何而来呢？

在人类历史的大部分时期，创世的问题是留给神去解决的。对于宇宙的起源和人类从哪里来等问题，许多宗教都给出了一份自圆其说的答案。直到近几个世纪，人类才开始撇开神，从科学的角度去思考世界的本源。

20世纪初叶，爱因斯坦的"相对论"横空出世。这个推翻传统时间和空间观念的理论，给空间、时间和引力都赋予了完整的新概念。按照爱因斯坦的想法，宇宙应该是静态的。

1929年，美国天文学家埃德温·鲍威尔·哈勃发现，距离越远的星系越以更快的速度远离我们而去。这个后来被称为"哈勃定律"的发现，阐明了宇宙在膨胀的事实。

1946年，美国的伽莫夫提出"大爆炸"理论。此后，"大爆炸"理论逐渐形成体系，成为人们普遍接受的观点。大爆炸理论认为，宇宙诞生之前，没有时间、空间，没有物质，也没有能量。大约100亿年前，在这片"四大皆空"的虚无中，一个体积无限小的点爆炸了，宇宙随之诞生。大爆炸炸开了空间，也创造了时间，星星、地球、空气、水和生命等就在这个不断膨胀的时空里逐渐形成。

此后，人们建造了以"哈勃"命名的太空望远镜，希望能够决定以"哈勃"命名的宇宙膨胀率——哈勃常数多年以来成为整个宇宙中最为重要的数字。它不仅牵涉到宇宙的过去，还将决定宇宙的未来。宇宙有一个开始，是否还会有一个结束。宇宙产生于"无"，是否还会最终回归到"无"。

围绕哈勃常数，人们一开始就展开了激烈的争论。按照哈勃本人测得的值推算，宇宙的年龄约为20亿岁，小于地球40亿岁的年纪，这显然是不可能的。显而易见，宇宙必须先于在它其中的星球更早地诞生。因此，自20世纪70年代始，科学家们陆续用各种手段测出了不同的哈勃常数。然而根据这些值推算出的宇宙年龄，总是颇有偏差。

相对于围绕哈勃常数展开的喋喋不休的争论而言，科学家们对某些确定星体年龄的测定却要确切得多。目前，天文学家们已经测知，银河系中一些最古老的星系的年龄约为160亿岁。这样，大爆炸只能

发生在160亿年以前，但是，科学家们根据新近用哈勃望远镜观测的结果分析，推算出宇宙的年龄约为120亿岁左右。

这就意味着：宇宙的确比一些孕育其中的星系更年轻。

如果测算没有出现差错，解释只有一种——原先的假设出现了错误，宇宙可能并非是从爆炸开始的！

宇宙因为"年轻"而再度给自己的身世披上了神秘的色彩。

1999年9月，印度著名天文学家纳尔利卡尔等人提出一种新的宇宙起源理论，对大爆炸理论提出挑战。

在纳尔利卡尔和另外3名科学家共同提出的新概念中，他们把自己的研究成果命名为"亚稳状态宇宙论"。

宇宙的初期是一个巨大的能量库，被称为"创物场"

他们相信，宇宙是由若干次小规模的爆炸而不是一次大爆炸形成的。新理论认为，宇宙在最初的时候是一个被称为"创物场"的巨大的能量库，而不是大爆炸理论所描述的没有时间、没有空间的起点。在这个能量场中，不断发生爆炸，逐渐形成了宇宙的雏形。此后，又接连不断地发生小规模的爆炸，导致局部空间的膨胀。而时快时慢的局部膨胀综合在一起便形成了整个宇宙范围的膨胀。

新理论状如一块沉重的巨石，在人们平静的心湖里激起波澜。人们开始重新对生命甚至赋予生命的庞大宇宙进行反思。

早期人类看见浩瀚的天空，便说这是神的作为。但16世纪时期的天文学家开普勒却以三条自然定律来解释天体的活动，并启发牛顿发现了万有引力定律。科学的一大假说，便是宇宙乃是一个可预料而有秩序的系统，就如钟表结构一般，虽然有些现象比其他的复杂，难以理解，但其背后仍是有规律的。

然而，开普勒和牛顿在20世纪末期终于遇到对手。美国麻省理工学院两位科学家表示，整个太阳系根本是个无法预测的星系。宇宙变幻莫测这一说法的支持者逐日增多，他们相信，简单而严格的规律虽然会衍生出永恒以及可以预料的模式，但同样会导致混乱的复杂。

科学目前仍未能解释为什么宇宙会从混乱复杂中制造秩序，我们只能说：宇宙本身似乎是倾向于创造规律模式的。

在空间和寿命上，宇宙真是无限的吗？也就是说，宇宙到底有多大？

——没有人知道宇宙有多大，因为人的头脑根本无法想象出宇宙大到什么程度。

如果我们从地球出发，来看看四周，便可明白究竟。地球是太阳系中的一颗行星，而且只不过是太阳系很小的部分。太阳系中包括太阳、环绕太阳运行的地球等八大行星以及许多小行星和流星。

而我们整个太阳系又仅是大"银河系"的一小部分。在银河系中有千千万万的恒星，其中有些恒星都比我们的太阳大得多，同时这些恒星也都自成一个"太阳系"。

因此我们夜晚在"银河"中看到的那些数不尽的星星，每个这种星星都是一个"太阳"。这些星星离我们很远，远得不能用千米而必须用光年来计算，1光年就是光在一年中走过的距离。光的速度为每秒30万千米，1光年为9.65万亿千米。我们能看到最亮的也就是离地球最近的一颗是"人马星"，但你可知道它离我们多远吗？110万亿千米！

现在我们还只谈到我们自己的银河系呢，这条银河的宽度据估计大约为10万光年。我们的银河系却又是一个更大体系的一小部分。

在我们的银河系以外还有千千万万个银河系。而这千千万万个银河系的整体，又可能只是另一个更大体系的一部分罢了！

现在你可以明白我们无法想象出宇宙究竟有多大的原因了吧。另外，据科学家说，宇宙的范围还在继续不断地膨胀呢！也就是说，每隔几十亿年，两个银河系之间的距离就增加一倍。

以前我们认为，宇宙是无限的，时间是无始无终，空间是无穷无尽的，因而是不生不灭的。自从人们在观测中知道宇宙正在膨胀，速度又正在减慢下来，于是一个全新的宇宙有限观，几乎代替了宇宙无限的旧观念。宇宙学家根据观测估计，宇宙在超空期中的一个小点上爆炸，经过膨胀再收缩，最后崩溃死亡，大约要经过800亿年，目前大约只过了160亿年。但在以后的600亿年中，宇宙间的一切，正向中心一点集拢，走向末日。当时空都到了尽头，我们的宇宙便"消失"了。正如超级巨星在热核燃烧净尽，引力崩溃，所有物质瞬间向中心收缩，形成不可见的黑洞，成为虽然存在但并不可见的超物质，这便是宇宙死亡的模型。

宇宙的大小跟它的年龄是一而二、二而一的问题。部分天文学家相信，宇宙是经历了一次大爆炸后诞生的，诞生后随即不断扩展。因此若以地球为中心，一直伸展至看得见的宇宙边缘，这距离（以光年计算），就透露了宇宙的年龄。

天文学家尚未能一致肯定看得见的宇宙究竟有多大，其中一个主要原因在于大爆炸发生的确切时间是个谜。

20世纪20年代，天文学家哈勃发现，宇宙原来是以恒速扩张的。宇宙中的星体就如气球上的波点。当气球愈胀愈大，波点之间的距离也愈大，换句话说，两个星体之间的距离愈大，它们互相抛离的速度便愈高。

"哈勃常数"就是星体互相抛离的速度和距离之比例。常数数值愈高，表示宇宙扩张至现今的"尺码"所需的时间愈短，宇宙也就愈年轻。

不过，天文学家对"哈勃常数"的数值仍未有一致意见，但大多数天文学家均认同宇宙较老的说法，因为有些银河系存在已有150亿年，而地球上的好些石层，也有40亿年历史了。

宇宙到底有多大

人们常常用"不知天高地厚"这句话来批评那些无知的人。其实，天究竟有多高，至今也没有人能说得清楚，宇宙的大小和形状，也就成为天文学家争论不休的问题之一。宇宙到底有多大？古今中外有过许多说法，但争论的焦点集中在宇宙是有限的还是无限的这个问题上。

大约在公元140年，古希腊著名天文学家托勒密在总结前人天文学说的基础上，提出了"地球中心说"，认为地球是宇宙的中心，太阳、月球、行星和恒星都围绕地球转动。在后来的一千多年中，托勒密的地球中心说一直在欧洲占统治地位。到16世纪，波兰天文学家哥白尼经过四十多年的辛勤研究，于1543年提出了"日心说"，认为太阳是宇宙的中心，地球和其他行星都围绕太阳转动。他把宇宙的中心从地球搬到了太阳，把人类居住的地球降低到了普通的行星地位，从而开始把自然科学从神学中解放出来，并且动摇了神权对于人类的统治。但是，由于受当时生产力水平和实践条件的限制，哥白尼和托勒密一样，都把宇宙局限在很小的范围内，错误地认为太阳系就是全部宇宙，把宇宙看成是有限的，即有边界的。

同托勒密、哥白尼的宇宙有限论相反，中国古代很早就有一些天文学家认为宇宙是无限的。尸佼在《尸子》一书中说："天地四方曰宇，往古来今曰宙。"他把空间和时间联系起来思考，从而模糊地表达了宇宙在空间上和时间上无限的思想。《列子》一书的作者认为，大地仅仅是宇宙间一种很小的东西，而不是宇宙的中心，"上下八方"都是"无限无尽"的，而不是"有极有尽"的。唐代著名的哲学家柳宗元曾在《天对》中说过，宇宙"无中无旁"，即没有中心也没有边界。

1584年，意大利哲学家布鲁诺在伦敦出版了《论无限宇宙和世界》一书，十分明确地提出了宇宙无限的理论。他指出："宇宙是无限大的，其中的各个世界是无数的。"他认为，在任何一个方向上，都展开着无穷无尽的空间，任何一种形状的天空都是不存在的，任何的宇宙中心都是不存在的。所有的恒星都是巨大的球体，就像太阳一样。他把太阳从宇宙的中心天体降为一个普通的恒星。

随着天文学的发展，人们通过望远镜观测发现，太阳系的直径是120亿千米，地球同整个太阳系比较不过是沧海之一粟；银河系拥有1500亿颗恒星和大量星云，直径约10万光年，厚约1万光年，太阳系同它比较也不过是沧海之一粟；总星系已经发现的星系有10亿个以上，距离我们有几十亿光年到一百多亿光年，银河系同其相比较，也好比是沧海中的一颗"沙粒"。目前，大型天文望远镜已能观测到一百多亿光年以外的天体，但是还远没有发现宇宙的边沿，因此，多数天文学家认为宇宙是无限的，是没有边界，也没有中心的。同时，也有部分人认为，宇宙是有限的。理由是宇宙起源于大爆炸，大爆炸至今的时间是有限的，宇宙膨胀的速度是一定的，宇宙的大小也一定是有限的。还有一部分人认为，人类对宇宙的认识仅仅是初步的，对太空的观测能力还十分有限，给宇宙的大小下结论还为时过早。总之，目前人们对宇宙大小的种种说法，多数是一种猜测，还没有完全被天文实践所证明，宇宙到底有多大，是有限的还是无限的，的确至今还是一个谜，还有待于航天技术的发展和天文学家的进一步研究探索来加以证明。

宇宙中的陷阱之谜

◎ ◎ ◎ ◎ ◎ ◎ ◎ ◎ ◎

近年来，人类对太空的探访非常火爆和频繁，"火星热""月球热"其势正旺。当然，人类静下来不免会想到这样一些问题：宇宙中有没有"陷阱"？人类在太空中飞来飞去，会不会误入"陷阱"？人们说的宇宙"陷阱"就是"黑洞"。早在1798年，法国数学家、天文学家拉普拉斯就提出，宇宙中存在一种"捕捉"光线的天体，这种天体能吸收包括光线在内的所有物质，看上去像一个黑漆漆的洞，故被命名为黑洞。关于黑洞的真正研究是在爱因斯坦的广义相对论提出之后。人们首先意识到，黑洞如果存在的话，那么它的质量和密度都会大得惊人。美国物理学家惠勒提出著名的黑洞"无毛发"理论，他认为黑洞应该是极其简单的，因为其组成要比恒星简单得多。对它来说，用不着压强、温度，而是像《三毛流浪记》中的"三毛"一样，只需三根毛发——质量、自转和电荷。黑洞最令人望而生畏的是它具有极强的吸引力，任何光和物质，任何信号，都会由于它的强大吸引力而被吸入洞内无法"进而复出"。若是宇宙飞船稍稍靠近黑洞，在一刹那间就会被吸入洞内，顷刻之间不仅船体碎裂，连作为船体的金属也会被分解成微小的原子，原子再分解成更微小的电子或中子。而这一系列的分解仅在几千分之一秒内完成！但是因为光也会被黑洞吸收，所以至今没有任何办法可以窥见它的真面目，人们据此把黑洞称为宇宙中的"神秘岛"，宇宙中的"陷阱"。黑洞天体的存在及其机制无疑成为科学界的悬案之一。

　　寻找和观测黑洞的工作从20世纪60年代开始，至今已取得许多重要进展。1973年，美国一个天文学小组宣布发现天鹅座X1星旁边有一个黑洞；1984年，美国和加拿大科学家证实银河系的大麦哲伦星系中有一个黑洞；1996年10月，德国马克斯—普兰克研究所发现银河系中心附近的39颗恒星都在绕银河系中心的一个看不见的区域运动。分析表明，这一区域存在着质量非常巨大的看不见的天体，其质量为太阳的250万倍，它正在吞噬附近的天体，因而科学家认为这一天体极有可能是黑洞，这一观测结果强有力地支持了银河系中心存在黑洞的推论。1997年，美国密执安大学的科学家借助地面和太空望远镜以及计算机分析发现了能够表明黑洞存在的直接证据，而以往人们都是

危险性和神秘性并存的太空景象

通过宇宙中的X射线源来间接估计黑洞存在的位置的，这一发现被列为1997年世界科技重大进展之一。同样在1997年，关于黑洞研究取得的另一个重大突破是在这一年的8月，张双南、崔伟和陈莞三位旅美华裔天文学家率先观察到黑洞的第二根"毛发"，即自转现象。自转是黑洞的重要性质，这一性质的发现标志着人类对黑洞的认识更进一步，而且有助于理解和验证现代物理学两大支柱（广义相对论和量子力学）的统一。1974年，英国著名天体物理学家霍金发现，当一个黑洞吞噬星际物质、气体和其他"信息"之后，会放射出一种叫作"霍金辐射"的亚原子粒子，这种黑洞吞吃物质的现象，同20世纪初创立的量子力学理论相矛盾。霍金认为，"唯一能拯救量子力学的办法是，这些被黑洞吞吃掉的物质再吐出来，进入另一个宇宙"。而张、崔、陈三位天文学家的研究成果恰好说明，那些转速极快的黑洞确实会喷射出大量接近光速运动的物质，形成这些高速喷射物质流的原因就是黑洞自身的高速自转。

尽管目前关于黑洞的研究已有可喜的收获，但问题依然存在。比如，张、崔、陈三位科学家在观测和计算中也发现，转动很快的黑洞只是黑洞中的一部分，另外有一些黑洞转得非常慢或根本不转。这些转得很慢甚至不转的黑洞会不会才是真正的"宇宙陷阱"？因为黑洞只要在运动着，人类就总有办法用间接的渠道充分了解它的性质。如果它不动，只是在那里"守株待兔"，岂不是很可怕？另一方面，如果黑洞不转动或者转动得很慢，那么它会不会向外喷射物质流？如果有物质流，那么它喷射的原因是什么？所以，发现黑洞的自转还只能算是黑洞研究中的一次不大但很可喜的进步，离对黑洞真面目的彻底揭示还有很长的距离。

黑洞问题是天体物理中悬而未决的诸多难题之一，由于它有潜在的危险性和无法靠近的神秘性，所以尤为引人注目。

宇宙归宿之谜

◉　◉　◉　◉　◉　◉

广袤无垠的星空，一望无际的银河，一个尽一切可能也望不到边缘的天体，这就是宇宙。一切生物都是有生命的，生生不息，周而复始。可是作为一切生物生存之地的宇宙有没有生命呢？它会不会终结呢？它的归宿何在？

要想探讨宇宙的归宿，首先就必须了解宇宙的来源。从人类文明诞生之日起，就有人在思考这个问题。今天，虽然科学技术已经有了重大进步，但关于宇宙的来源，仍处在假说阶段。归纳起来，大致有以下几种理论："宇宙爆炸"理论、"宇宙永恒"理论和"宇宙层次"理论。

天文工作者的理论表明，宇宙既有可能是开放式的，又有可能是收缩型的。如果现今这种膨胀速度几乎没有什么变化的话，宇宙就是一个开放的宇宙，将会一直蔓延，直至无穷；如果膨胀最终冷却下来的话，那么宇宙就是一个闭合的宇宙。根据天文工作者的观测，宇宙膨胀的速度已经有减慢的趋势了。按照这种理论，综合天文学家们观察的种种结果，宇宙已经开始收缩了，也就是说，宇宙应该是闭合的宇宙。

另外，依据宇宙的平均密度临界值可以确定宇宙是开放型的还是闭合型的，此临界值为5.1克/厘米^3。目前，宇宙的平均密度是1.1克/厘米^3，小于临界值，因此，从这一点来看，宇宙是开放的。但是考虑到宇宙中存在大量的暗物质，宇宙还有可能是闭合的。

评判宇宙是开放还是闭合还有

一个标准，那就是看恒星燃尽之后的剩余物质。如果宇宙是开放的，那么一般来说，恒星燃尽之后的结局有三种：白矮星、中子星和黑洞。究竟是哪一种，主要取决于恒星燃尽之后的剩余物质。

天文观察结果表明，宇宙中很多恒星也如人类一样在进行着生与死的更替轮回，不过因为形成新恒星的氢物质正在渐渐减少，所以，从总体上看，死星的数量是多于新生恒星的。天文学家通过计算表明，再过100万亿年，所有的恒星都有可能进入生命晚期，到那时，茫茫宇宙中将只能见到点点星光了，恒星仍然在散发着自己的余热，不过这种散发余热的过程并不能持续多久，到时候，宇宙中将不会再有生命了。

但是没有生命并不代表物质运动会终止，宇宙中的物质还会继续运动。

据计算，任何恒星在100万亿年以后都会与另一颗恒星接近一次，那么若是经过1亿亿年，每一颗恒星都会发生100次这样的接近。那样的话，在这颗恒星周围的行星就会被撞得流离失所。

恒星与恒星之间还会发生碰撞事件，但概率比较小。相撞的时候，一颗恒星的能量会被另一颗恒星获取，而获取能量的恒星就会脱离星系。假如是这样的话，100亿亿年以后，90%的恒星将会逃离星系，剩余的将会形成一个大黑洞。这样，宇宙的最终结局就是收缩。

新的粒子理论正好与这种结果吻合。这种理论认为，原子核内的质子可能不是永恒的物质，它的寿命只有1亿亿亿亿年，1亿亿亿亿年以后，质子将会死亡，只剩下几种基本粒子和黑洞。再经过10100年后，连黑洞都会被"蒸发"干净，那时就剩下几种粒子了。

当然，这只不过是其中的一种理论推测出来的结果，关于宇宙的命运，还有很多种理论的描述。我们目前能够做到的也仅仅是一种推测，真正的结果就像一团巨大的永恒的谜语出现在我们的眼前。

宇宙中还有别的智慧生物吗

"21世纪的地球居民并不是宇宙中唯一的智慧生物"这个说法能令人信服吗？

天文学家们估计，在望远镜所及的范围内，大约有1020颗恒星，假设1000颗恒星当中有1颗恒星有行星，而1000颗行星当中有1颗行星具备生命所必需的条件，这样计算的结果，还剩下1014颗。假设在这些星球中，有1‰颗星球具有生命存在需要的大气层，那么还有1011颗星球具备着生命存在的前提条件，这个数字仍是大得惊人。即使我们又假定其中只有1‰已经产生了生命，那么也有1亿颗行星存在着生命。如果我们进一步假设，在100颗这样的行星中只有1颗真正能够容许生命存在，仍将有100万颗有生命的行星……

毫无疑问，和地球类似的行星是存在的，两者有类似的混合大气，有类似的引力，有类似的植物，甚至可能有类似的动物。然而，其他的行星非要有类似地球的条件才能维持生命吗？

实际上，生命只能在类似地球的行星上存在和发展的假设是站不住脚的。以往人们认为被放射物污染的水中是不会有任何微生物的，但是实际上有几种细菌可以在核反应堆周围的足以让多种微生物致死的水中存活。

有两位科学家把一种蠓在100℃高温下烤了几个小时后，马上放进液氦中（液氦的温度低得和太空中一样）。经过强辐照后，他们把这些试验品再放回到正常的生活环境中，这些昆虫又恢复了活

力，并且繁殖出了完全"健康"的后代。

这里只是举出了极端的例子。也许我们的后代将会在宇宙中发现连做梦也没有想到过的各种生命，发现我们在宇宙中不是唯一的，也不是历史最悠久的智慧生物。

地球外的茫茫宇宙中，究竟有没有生命？究竟有没有类似地球人甚至更文明的高级外星人？随着空间科学技术的不断发展，这个富有神话色彩的猜测，越来越激励着人们去探索。对这个亘古未解之谜，目前众说纷纭，莫衷一是。最近，日本著名的宇航学教授佐贯亦男与地外生命学专家大岛太郎，发表了有关地外生命的对话，论点新颖，妙趣横生。

科学家能够提出地球外有生命，甚至推测存在着比我们更聪明的外星人，是很了不起的。因为有些人会用地球上生命形成与存在的传统理论来衡量外星球，却忘了它们之间在地理条件和自然环境上的不同。

科学家希柯勒教授在实验室里创造了一种与地球环境截然不同的木星环境，并在这样的环境条件下成功地培养了细菌与螨类，从而证明了生命并不是地球的"专利品"。我们地球上的所有生物也不是按照同一个模式生活的。氧是生物进行新陈代谢的重要条件，但是，有一种厌氧细菌就不需要氧，有了一定的氧反而会中毒死亡。高温可以消毒，会使生命死亡，但海底有一种栖息在140℃条件下的细菌，温度不高反而会死亡。据估计，地球上不遵守生命理论而存在的生物有好几千种，只是我们没有全部发现而已。

有些人妄断地球的环境是完美无缺的，什么只有一个大气压，温度、湿度正常……其实，这些标准都是地球人自定的。事实上，地球上的各种生命不一定都生活在"自由王国"之中，它们必须受到各种限制。我们不应该以地球上生命存在的条件去硬套外星球，各个星球有自己的具体条件。如果表面温度为15℃至零下150℃的火星上存在着火星人，他们也许会认为在地球这种温度条件下根本无法存在地球人。

于是，在生命理论的研究领域中，行星生物学应运而生了。它主要研究地外各种行星的自然条件，是否存在适宜于这些环境条件的生物，地球生物是否可以移居到地外行星上去，以及发现行星生物的新方法。因为生物往往具有一种隐蔽的本能，即使存在也不一定能轻易被发现。例如地球空间中存在着许多微生物，但又有谁能用眼睛去发现它们呢？目前，对火星、金星、木星等的探查工作才刚刚开始，断言这些星球上不存在任何生命，似乎为时过早。

随着人类对自然界认识的深化及当代科学技术的飞速发展，人们提出在地球以外的星体上存在生命甚至高级文明社会的问题不足为怪。科学家们为好奇心所驱使，极力想探索出个究竟来，于是在二十多年前就产生了寻找"地外文明"的科学探讨方向。

在地球以外广大的宇宙中是否有智慧生命的问题上，科学家们分成了两大派。一派说，既然我们人类居住的地球是个最普通的行星，那么有智慧的生命就应当广泛地存在和传播于宇宙中。另一派却说，尽管生命可能在宇宙中广为存在和传播。但能使单细胞有机体转变成人的进化过程所需的特定环境出现的可能性是极小的，因此在地球外存在智慧生命的不大可能性就不大了。就科学的发展来看，这样的争论是正常的、有益的，而且会推动对"地外文明"的探索。

关于外星人的传闻日益增多，不管男女老幼，对此都很感兴趣。除了我们地球的人类之外，其他天体上到底有无类似于人的生命？这个问题已成为当代科学的第一大谜团。

为解开此谜团，近些年来，世界上有69位著名科学家联合发出呼吁，要求对外星智慧生物进行世界性的探索。

黑色骑士之谜

在太阳系中存在着来自地球之外的人造天体，这已不是什么奇闻了。1961年，在巴黎天文观测台工作的法国学者雅克·瓦莱发现了一颗运行方向与其他卫星相反的地球卫星，这颗来历不明的卫星被命名为"黑色骑士"。随后，世界上有许多天文学家按瓦莱提供的精确数据，也发现了这颗环绕地球逆向旋转的独特卫星。1981年，苏联的一家天文台也证实了"黑色骑士"的存在，其具体特征如下：它在地球高空的轨道上，循着极大的椭圆轨道运行，体积甚小，十分耀眼，像是个金属球体。

法国学者亚历山大·洛吉尔认为，"黑色骑士"可以用与众不同的方式绕地球运行，表明它能够改变重力的影响，而这只有作为外星来客的UFO（不明飞行物体）才能做到，因此这颗被称作"黑色骑士"的奇特卫星可能与UFO具有联系。

1983年1月至11月间，美国发射的一颗红外天文卫星在北部天空扫描时，在猎户座方向两次发现一个神秘天体。两次观测这个天体时隔6个月，这表明它在空中有稳定的轨道。

1988年12月，苏联科学家通过地面卫星站发现有一颗神秘的巨大卫星出现在地球轨道上，他们当时以为这是美国"星球大战"中的卫星。稍后苏联方面才知道，美国的科学家也在同一时间发现了那颗神秘的卫星，而美国人则以为它是属于苏联的。

美苏两国高层官员通过外交途

径接触和讨论后，双方都明白了那颗卫星是出自第三者。以后的一系列调查表明，法国、联邦德国、日本或地球上任何有能力发射卫星的国家都没有发射那颗卫星。根据苏联的卫星和地面站的跟踪显示，这颗卫星体积异常巨大，具有钻石般的外形，而外围有强磁场保护；内部装有十分先进的探测仪器。它似乎有能力扫描和分析地球上每一样东西，包括所有生物在内。它还装有强大的发报设备，可将搜集到的资料传送到遥远的外空中去。

1989年，在瑞士日内瓦召开的一次记者招待会上，苏联的宇航专家莫斯·耶诺华博士公开了此事。他强调说："这枚卫星是1989年底出现在我们地球轨道上的。它肯定不是来自我们这个地球。"他表示，苏联将会"出动火箭去调查，希望尽量找出真相。"

此事披露之后，世界上有二百多位科学家表示愿意协助美苏去研究这颗可能是来自外太空某一个星球的人造天体。法国天文学家佐治·米拉博士说："很明显，这颗卫星飞行了很长的路径才来到地球，事实上它的设计也是这样。虽然只是初步估计，但我敢说它至少已制成5万年之久！"

运行在地球轨道上的不仅有完好的外来的人造卫星，还有爆炸后的外星太空船残骸，苏联科学家在20世纪60年代初期，首次发现一个离地球达2000千米的特殊太空残骸。经多年研究后，他们才确信那是一艘由于内部爆炸而变成10块碎片的外星太空船的残骸，并向报界宣布了这个消息，引起了全世界的关注。

莫斯科大学的天体物理学家玻希克教授说，他们使用精密的电脑追踪这10片破损的残骸的轨道，发现它们原先是一个整体，据推算，它们最早是在同一天——1955年12月18日，从同一个地点分离的，显然这是一次强力爆炸所致。他说："我们确信这些物体不是从地球上发射的，因为苏联在大约两年之后——1957年10月，才将第一枚人造卫星射入太空。"

著名的苏联天体物理研究者克萨耶夫说："其中两个最大片的残骸直径约为30米，人们可以假定这艘太空船至少长60米，宽30米，从残骸上看，它外面有一些小型圆顶，可装设望远镜、碟形天线以供通信之用，此外，它还有舷窗供探视使用。"这位研究者补充说："太空船的体积显示它有好几层，可能有5层。"

另一位苏联物理学家埃兹赫查强调说："我们多年搜集到的所有证据，都显示出那是一艘机件故障的太空船发生爆炸。"他还说："在太空船上极可能还有外星乘员的遗骸。"

苏联科学家的发现使美国同行产生了浓厚的兴趣。美国核物理学家与宇航专家斯丹顿·费德曼说："如果我们到太空去收回这些残骸，相信我们可以把它们拼合起来。"

十分有趣的是，就在苏联人宣布他们发现地外太空飞船残骸的10年前，一位美国天文学家约翰·巴哥贝曾在国内一份著名的科学杂志上发表了一篇文章，其中提到有10块不明残片像10个小月亮似的围绕的球运行；这位天文学家认为，它们来自一个分裂的庞大母体，而这个不明物体分裂的时间就是1955年12月18日。这正好与苏联科学家的研究结果不谋而合；同时，巴哥贝也驳斥了炸裂物体的存在只是一种自然现象的可能性。

是耶？非耶？这一切，直到21世纪的今天，我们的科学家也还不知道，这颗5万年前被发射升空的人造卫星，它的主人到底是谁？他们发射该卫星的目的何在？

宇宙坟墓

◉ ◉ ◉ ◉

在宇宙空间中，有一个神秘的区域，不管什么物体，只要进入这个区域便会消失得无影无踪，而且连光也休想从那里逃逸出来，它就像一个饥饿的无底洞，永远也填不饱，因此又有人把它叫作"星坟"。这究竟是一个什么样的地方呢？

早在1898年人们就对黑洞有了认识。法国著名数学家拉普拉斯认为，如果一个天体的密度或质量达到一定的限度，我们就看不到它了，因为光没有能力逃离开它的表面，也就是说，光无法到达我们这里。不过，黑洞引起科学家们的普遍关注，还是在爱因斯坦的广义相对论公布之后。人们根据爱因斯坦的理论，就黑洞存在的条件及形成原因等问题进行了探索。直到

1965年科学家们测到一束来自白天鹅座的X射线后，才真正打开了探测黑洞的大门。经研究，这是一颗明亮的蓝色星体，同时，它还有一颗看不见的伴星，质量要比太阳大10~20倍。几年之后，科学家们根据这些强射线找到了X射线的真正发射源，这是一颗伴星，其质量是太阳5~8倍，但人们看不到它所在的位置。到目前为止，这是黑洞最理想的"候选人"。

关于黑洞的成因，人们的解释也不尽相同。有人认为，恒星在其晚年因核燃料被消耗完，便在自身引力下开始坍缩，如果坍缩星体的质量超过太阳的3倍，那么，其坍缩的产物就是黑洞；也有人认为，黑洞是由超新星爆发时一部分恒星坍毁变成的；还有人认为在宇宙大

爆炸时，其异乎寻常的力量把一些物质挤压得非常紧密，形成了"原生黑洞"。

自始至今，虽然人们还没真正捕捉到黑洞，但人们对黑洞的存在却是确信无疑的。1999年6月，一些天文学家通过测量太阳系运行的轨道，获得了更多的证据证明银河系中心存在着一个"超大"黑洞。他们利用射电望远镜阵列组成的精确测量设备进行观察，发现太阳系以每秒217千米的速度围绕银河系中心旋转，运行一周需要2.26亿年的时间。人们发现位于银河系中心被称为人马座A星的这个星体的质量至少是太阳质量的1000倍，而且很可能还要大得多。

总而言之，尽管人们现在还不能揭开黑洞的神秘面纱，但随着科学的不断发展和人们对它的进一步深入研究，这个谜团终将会被揭开。

神秘的宇宙暗物质之谜

◎ ◎ ◎ ◎ ◎ ◎ ◎ ◎ ◎ ◎

茫茫宇宙，奥秘无穷无尽。夜晚，我们可以用肉眼观测到月亮和许多发光的星星，晴朗的天气还可以看到火星等行星。有时，流星和拖着长长尾巴的彗星也会来拜访地球这个孤独的兄弟。

然而，1933年的一天，瑞士天文学家茨维基惊奇地发现，室女星系团诸星系根据其运动求出的质量与根据其光度求出的质量相差很远，前者是后者的10倍，出现了质量短缺现象。于是科学家们便根据这种现象推测，宇宙中存在着大量的我们看不到的东西——暗物质。

那么，这些存在着的大量暗物质究竟是什么呢？英国的一位天文学家经过研究认为，有三种可能：

首先是极暗弱的褐矮星。有人分析，在太阳附近就存在着相当数量的暗物质。美国天文学家巴柯就曾在太阳附近的天空中拍摄到质量不到太阳一半的心型褐矮星。根据此种星的数目推断，它们总共可能有银河系"失踪"质量的一半左右。许多科学家认为，这类似于小恒星的"尸骸"，小恒星在不能发光后就演变成了这种类似褐矮星的暗物质。

其次是在很早以前，由超大恒星演化到死亡阶段形成的巨大质量的黑洞，黑洞的质量相当于太阳质量的200万倍。

最后是奇异电子。欧洲核子研究中心的物理学家霍夫曼博士推测，有四种属于暗物质的微子：光微子、希格斯微子、中微子和引力微子，而星系外围庞大的星晕即由这些特殊粒子构成。

对于宇宙暗物质，也有人持否定态度。美国一些科学家用最新方法测定星系的质量，发现求得的结果比采用星系运动学的方法求出的质量大得多，所以他们认为这些质量短缺是由星系群的膨胀引起的，所以没必要假设在星系团内存在着大量暗物质以提供额外的引力来保持其动力学平衡状态。

当然，由于人类探测宇宙的科技在不断地向前发展，关于暗物质之谜，现在还不是下最后定论的时候。相信通过科学家的继续努力，这个谜底迟早会呈现在人们面前。

宇宙中存在着大量我们看不到的暗物质

宇宙黑洞之谜

美国宇航局曾经发射了高能的天文观测系统，研究太空中看不见的光线。在发回的X射线宇宙照片中，最惊人的一幕是那些从前认为"消失"了的星体依旧放出强烈的宇宙射线，远甚于太阳这样的恒星体。这证明了长久以来一个怪异的设想：宇宙中存在着看不见的"黑洞"。

黑洞的性质不能用常规的观念思考，但是它的原理连中学生都能接受。黑洞形成的必要条件就是：一个巨大的物体，集中在一个极小的范围。晚期的恒星恰巧具备了这个条件。当恒星能量衰竭时，高温的火焰不能抵消自身重力，逐渐向内聚合，原子收缩——牛顿法则起作用了：恒星进入白矮星阶段，体积变小，亮度惊人。白矮星进一步

内聚，最后突然变成一个点，整个过程不到一秒。在我们看来，就是恒星消失了，一个黑洞诞生了。

一个像太阳这样大的恒星自身引力如此之大，可能最终收缩成一个高尔夫球，甚至什么都没有。由于无限大的密度，崩坍了的星体具有不可思议的引力，附近的物质都可能被吸进去，甚至连光线都不能逃脱——这就是看不见它的原因。这个深不可测的洞，就被称为"黑洞"。科学家相信大多数星系的中心都有黑洞，包括我们身在其中的银河系。根据相对论，90%的宇宙都消失在黑洞里。所以一种更令人吃惊的说法是：无限的黑洞乃是宇宙本身。

黑洞里面有什么？只能从理论上推测。假如一位勇敢的人驾驶飞

船奔向黑洞,他首先会感觉到的就是无情的引力。从窗口望出去,周围的景象在星光的衬托下像一个平底锅似的圆盘,走得更近了,远方似乎宽广的"地平线"发出X光,包围着深不可测的黑洞。光线在附近扭曲,形成一个光环。这时宇航员要返航已来不及了,双脚引着他向黑洞中心飞去,头和脚之间巨大的引力差使他如同坐在刑具台上,远在"地平线"以外3000英里,引力就可以把他撕碎了。

那么,怎么才能在无际的太空中发现黑洞呢?天文学家利用光学望远镜和X线观察装置密切地注视着几十个"双子"星座,它们的特别之处在于两个恒星大小相等,谁都不能俘获谁,因而互为轨道运转。如果其中一颗星发生不规则的轨道变化,亮度降低或消失,有可能就是因为附近产生了黑洞。

人类为探索黑洞付出了不懈努力。最为成功的一次是在肯尼亚发射的第一颗X射线卫星观测系统,被称作"乌胡鲁",这个装置在发射后运行了3个月就感到天鹅星座的异常。天鹅座X-1星发出的"无

线电波"使得人们可以准确地测定它的位置。X-1星比太阳大20倍,离地球8000光年。研究表明,这颗亮星的轨道发生了改变,原因在于它的看不见的邻居——一个比太阳大5~10倍的黑洞,围绕X-1星旋转的周期是5天,它们之间的距离是1300万英里。这是人类确定的最早的一颗黑洞体。

自从哥白尼和伽利略以来,还没有一个关于宇宙的理论具有如此的革命性。黑洞的普遍性一旦证实,那么"宇宙不仅比我们所想象的神秘,而且比我们所能想象到的还要神秘"。我们知道宇宙处于不断的扩张中,这是"宇宙核"初始爆炸的结果,宇宙核仍是一切物质的来源。当那里的物质越来越稀薄时,宇宙是否停止扩张?天体的巨大引力是否最终引起宇宙收缩?相对论回答:是的。黑洞的存在部分地证实了它的预言。即使宇宙不会消失在一个黑洞中,也可能会消失在几百万个黑洞中。另外,彻底揭开黑洞之谜,还意味着给予人类有关终极命运的思索一个明确的答案。

地球与月亮的关系之谜

◉ ◉ ◉ ◉ ◉ ◉ ◉ ◉ ◉ ◉

我们都知道月亮跟着地球转，那么，地球有可能被月亮人占据吗？美国梅利兰州洛克比尔的业余天文学家约翰·雷奥纳德认为："月亮上有许多土木工程在进行。"他的这个看法是根据月亮表面的相片以及NASA的许多秘密资料而得出的。如根据1967年观察卫星路那·奥皮特拍摄到的照片，月球的火山口中有车子那样的东西，它活动的痕迹也被很清楚地照了下来。雷奥纳德的想法是，月亮人在开掘什么矿产物。根据人类在月亮上面安置的地震测量仪器，捕捉到月球地面震动的声音，那是月球人在搞地下作业的声音。NASA对这个情况很清楚，两年前就召集了一大帮科学家在英国开秘密会议，商量对策。因为月亮人正在等待机

会，准备一下子把我们地球人消灭干净，然后占据我们的地球。看来宇宙就要不太平了。

太古时代，地球与月亮很接近。做火箭和宇宙飞船必须要有一种叫"钛"的材料，它来自某一种矿物质。而根据美国乔治亚大学地质学教授诺曼·海尔兹对这种矿物质的研究得出的结论是，在太古时代，月亮曾经与地球非常地接近。

当时海尔兹把矿石的产地标记在一张世界地图上，当把那些地名联系起来时，出现了一条带状形态，不可思议地呈现出了一张两亿年前，五大洲四大洋还没有形成时的古地图的面貌。而且这条带状物好像是由于异常的温度和高压，被烙印在地球上。

根据海尔兹的学说，造成这个热量与压力的原因是因为月亮曾被吸引进了地球的轨道，摩擦过地球，摩擦的轨迹就是"钛"矿物质的轨迹。他说，月亮上一定有产生"钛"的矿物质，现在根据月球考察报告，果然发现了月球上存在大量的产生"钛"的矿物质。

月球

太阳系产生之谜

◉ ◉ ◉ ◉ ◉ ◉ ◉

有一种猜想认为，最初，整个太阳系都是一片混沌状态，在这种混沌状态之中，只存在一种物质，这种物质便是星云。原始的这种星云是一种气态物质，非常灼热。它迅速旋转着，先分离成圆环，圆环凝聚后形成行星，凝聚的核心便形成了太阳。这就是著名的"康德—拉普拉斯假说"，是二百多年来众多的太阳系学说中的一种。

自从宇宙学正式成为一门学问，关于太阳系的起源问题，一直都没有一种最权威的说法能够使绝大多数人信服。到今大，随着人们提出的一种又一种假说，关于太阳系的起源问题，已经有四十多种说法了。"康德—拉普拉斯假说"只不过是其中比较有代表性的一种，这种说法又被称为星云说。

星云说在当时受到了普遍的拥护和认同。后来，随着人们认识的不断变化，星云说越来越受到质疑。不过，近年来，美国天文学家卡梅隆的一种说法又使得星云说重新受到了世人的关注。卡梅隆认为，太阳系原始星云是巨大的星际云氲出的一小片云，这一小片云起初是在不断地自转，同时又在自身引力的作用下不断收缩。慢慢地，它的中心部分便形成了太阳，外围部分变成星云盘，星云盘后来形成了行星。

这一观点由于受到了许多世界顶级天文学家的重视而倍受世人的关注。中国天文学家戴文赛、苏联天文学家萨弗隆诺夫、日本天文学家林忠四郎等人就是这一观点的拥护者。然而，不可否认的是，星云说无法解释太阳和各行星之间动量矩的分配问题，这一缺陷使得大家对星云说始终抱着一种怀疑的态度。

于是灾变说便应运而生，在20世纪初，英国天文学家金斯把灾变说推到了一个前所未有的高度，使得这种学说很快引起了人们的注意。金斯提出，行星的形成，是一颗恒星偶然从太阳身边掠过，把太阳上的一部分东西拉了出来的结果。太阳受到它起潮力的作用，从太阳表面抛出一股气流。气流凝聚后，变成了行星。

除此之外，还有星子说等著名的宇宙理论。

后来，杰弗里斯提出了恒星与太阳相撞说，他的这一假说，在天文学领域足足引领了三十多年。

最近几年，堆尔夫森对灾变说的最新解释又使得人们开始把注意力集中到灾变说上来了。堆尔夫森认为，形成行星的气体流是从掠过太阳的太空天体中抛射出来的。不过这种说法马上就因为天文学家们的另一项发现而摇摇欲坠，天文学家们经过计算后认为，气体中的物质在空间弥散开来之后，不会再产生凝聚现象。这就意味着灾变说的核心在理论上是站不住脚的。

在这种情况下，"俘获说"似乎更令人着迷。最早提出这一假说的是苏联科学家施密特来。他认为，当太阳在某个时候经过气体尘埃星云时，把星云中的物质"据为己有"，形成绕太阳旋转的星云盘，并逐渐形成各个行星及其卫星。

然而，这种假说在德国的魏扎克、美国的何伊伯那里又有了两个变种。

看来，各种假说都不是无懈可击的，但都有一定的道理。究竟是哪一种假说更合理，恐怕还不是人类一时能够回答出来的。

太阳系发现之谜

◉ ◉ ◉ ◉ ◉ ◉ ◉ ◉

茫茫无际的宇宙，深藏着无数奥秘。

有人曾设想，除我们的太阳系以外，还应有第二个、第三个太阳系。可是另外的"太阳系"具体在哪里？这个长期以来争论不休的问题，随着织女星周围发现行星系，有人认为已经找到了宇宙中的第二个"太阳系"，为寻找宇宙中其他"太阳系"提供了例证。

宇宙中的第一个"太阳系"是怎样发现的呢？

1983年1月，美国、荷兰、英国三个国家成功地发射了红外天文卫星。后来，天文学家们利用这颗卫星意外地发现了天琴座主星——织女星的周围存在类似行星的固体环。

这一发现在世界上还是头一次可以称得上是划时代的发现。

织女星周围的物质吸收了织女星的辐射热，发射出红外线。红外天文卫星接收到了它所放射的红外线。比较四个不同接收波段的强度便可计算出该物体的温度为90K（约−180℃）。一般来说，恒星的温度下限约为500K。温度为90K，这就是说那个物体是颗行星。而且，如果织女星真的也有行星系的话，它便相当于外行星。这样一个温度的物体只能用波长为几十微米的红外望远镜方可捕获到。

美国、荷兰、英国合作发射的卫星是世界第一颗红外天文卫星，主要用于探测全天的红外源，也就是对红外源进行登记造册。一般红外天文望远镜不能探出宇宙中的低温物体。因为大气中的水分和二氧化碳气体大量吸收了来自宇宙的红外线及地球的热，又会释放出互相干扰的红外线。红外天文卫星将装置仪器用极低温的液态氦进行冷却，所以才有了这次的发现。

探测表明，织女星行星系与太阳系行星系一般大小。由于织女星发出的总能量是已知的，通过90K的物体的温度便能计算出织女星和该物体之间的距离，也就是可以计算出该行星系的半径。

织女星距离地球26光年，是全天第四亮星。直径是太阳的2.5倍，质量约是太阳的3倍，表面温度约为10000℃，比太阳的表面温度（约6000℃）高。织女星诞生于10亿年前，太阳诞生于45亿年前，相比之下织女星要年轻得多。地球大致是与太阳同时诞生的，若认为

织女星的行星也跟织女星同时诞生，那么就可以视它的行星处在演化的初期阶段。

依据行星形成的一般假说，当恒星产生时，在它的周围散发着范围为太阳系100倍的分子气体云环，因长期相互作用而分成若干个物质团块，进而形成行星。

东京天文台曾公布说，他们用射电望远镜在猎户座星云等地方发现了"行星系的婴儿"，也可以说是原始行星系星云。

东京天文台和红外天文卫星的发现，看来可以说是行星形成过程中的不同阶段。深入分析和研究这两个不同阶段，以及更正确地描写织女星的行星像，无疑是当前世界天文学界所面临的一大课题。

太阳的成分之谜

1868年8月18日，印度发生了一次日全食。法国经度局研究员、米顿天体物理观象台长詹森为了抓住这千载难逢的观测机会，特意带着他的考察队专程赶往印度观测，希望弄清日珥现象产生的原因。他

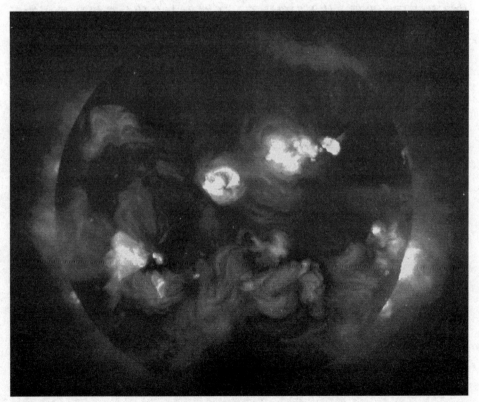

太阳上元素最多的是氢和氦

在观测日全食时发现太阳的谱线中有一条黄线，并且是单线。而钠元素的谱线是双线，所以詹森肯定它不是早就发现的那种钠元素，第二天的观测也证实了这一点。

詹森把太阳中存在又一新元素的重大发现写信通知了巴黎科学院，1868年10月26日这一天，詹森收到了另一封内容相同的信，那是英国皇家科学院太阳物理天文台台长洛克耶寄来的。两个著名科学家不约而同的发现，使人们确认了这是一个新元素。这就是在地球上发现的第一个太阳元素——氦。后来，人们在地球上也发现了氦元素。

在1869年和1870年，科学家们又分别进行了日全食观测，又发现了一条绿色的谱线，天文学家们证实这也是一种新元素，并给它命名为"氪"，但这个元素后来并没有被列入化学元素周期表。瑞典光谱学家艾德伦经过七十多年的研究，发现"氪"只不过是一种残缺的铁原子——铁离子。它是失去9～14个电子的铁，是一种极其特殊环境下的铁。

经过长期的观测，科学家们发现，太阳上元素最多的是氢和氦，比较多的元素有氧、碳、氮、氖、镁、镍、硫、硅、铁、钙等10种，还有六十多种含量极其稀少的元素。到20世纪80年代，科学家们认定的太阳上的元素有73种。此外，还有从氢到氦19种元素可能存在，其中包括9种放射性元素。

太阳上到底有多少种元素，相信随着探测技术的进步，这个谜很快就能解开。

金星之谜

◉ ◉ ◉ ◉

金星由何而来？金星表面有水吗？金星有过卫星、大海吗？

金星是天空中最亮的星星，仅次于太阳和月亮。在空中，金星发出银白色的亮光，璀璨夺目，因而有"太白金星"之说，西方人认为爱与美的女神"维纳斯"就住在金星上。金星最亮时，其亮度是天空中最亮的恒星——天狼星的10倍。

金星如此明亮的原因有两点。一方面，是因为它包裹着厚厚的云雾，近层云雾可以把75%以上的光反射回来，反射白光的本领很强，而且对红光反射的能力又强于蓝光，所以，金星的银白光色中，多少带点金黄的颜色。另一方面，金星距离太阳很近，除水星以外，金星是距太阳第二近的行星，它到太阳的距离是10800万千米，太阳照射到金星的光比照射到地球的光多一倍，所以，这颗行星显得特别耀眼明亮。

金星比地球离太阳近，绕日公转轨道在地球的内侧，这点与水星很类似。但金星的轨道比水星轨道大一倍，所以，金星在天空中离太阳就要远些，容易被看到。金星被我们看到时，它与太阳距角可以达到47°。也就是说，金星在太阳出来前3小时已升起，或者在太阳下落后3小时出现在天空。这样很多地区的人就很容易见到它。在中国古代，当它在黎明前出现时，叫作"启明星"，象征天将要亮了；而当它在黄昏出现的时候，叫作"长庚星"，预言长夜来临了。"启明星""长庚星"就是金星，往往是晚上第一个出现和清晨最后一个隐没的星星。

在伽利略以后的几个世纪中，人们渐渐发现金星与地球有很多近似之处，一度被当作地球的"孪生姊妹"。站在太阳系外看这两个星球，确实可以看出两者有许多共同点：

按理说，轨道与地球并列，距离又很近的金星，是最方便地球上的人们观察的，然而，金星被厚厚的大气遮得严严实实，就像罩着一层厚厚的面纱，一点缝隙都不露，终日不肯以真面目示人。地球上的人们看来看去，产生了很多猜想，甚至推测金星上可能存在着生命。

宇航时代的开始，意味着金星神秘时代的结束。美国和苏联前后发射二十多个金星探测器，频繁地对金星大气和金星表面进行探测。

首先是苏联的"金星1号"，这是人类历史上发射的第一艘金星探测飞船，在1961年2月12日升空，但并不成功。

首度成功观测金星的是美国的"水手2号"，于1962年8月27日升空，同年12月14日，通过在距离金星34830千米的地方探测金星。

首次在金星大气中直接测量的是苏联的"金星4号"，于1967年10月18日，打开降落伞，降落于金星大气中。

首次软着陆成功的是苏联的"金星7号"，它于1970年12月15日，降落于金星表面，送回各种观测资料。

苏联从1961年开始，直至1983年，共发射飞船16艘，除少数几艘失败外，大多数都按原计划发回了不少重要资料。

美国在1962年发射"水手2号"以后，又在1978年5月20日和

	金 星	地 球
大小	半径6073千米	半径6378千米
密度	5.26克/立方厘米	5.52克/立方厘米
表面重力	是地球的88%	
大气层	全部被浓云包围	部分地区有云层

外表美丽的金星上却有可怕的硫酸和惊人的压力

8月8日先后发射了"先驱者金星1号"和"先驱者金星2号"。其中"先驱者金星2号"的探测器软着陆成功。至此，美国先后有6个探测金星的飞船上天。

金星神秘的面纱——大气首先被人们所认识。

金星的天空是橙黄色的。金星的高空有着巨大的圆顶状的云，它们离金星地面48千米以上，这些浓云像硕大无比的圆顶帐篷悬挂在空中反射着太阳光。这些橙黄色的云是什么呢？原来竟是具有强烈腐蚀

作用的浓硫酸雾，厚度有20～30千米。因此，金星上若也下雨的话，下的便全是硫酸雨，恐怕没有几种动植物能经得住硫酸雨的洗礼，因此，金星是个不毛之地。

金星的大气又厚又重。金星的大气不仅有可怕的硫酸，还有惊人的压力。我们地球的大气压只有1个大气压左右，在金星的固体表面，大气压是95个大气压，几乎是地球大气压的100倍，相当于地球海洋深处1000米的水压。人的身体是承受不起这么大的压力的，会在一瞬间被压扁。

金星大气中的主要成分是二氧化碳。二氧化碳占了气体总量的96%，而氧气仅占0.4%，这与地球上大气压的结构刚好相反，金星的二氧化碳比地球上的二氧化碳多出1万倍，人在金星上会喘不过气来，一会儿就会被闷死。金星上常常电闪雷鸣，几乎每时每刻都有雷电发生，让你掩耳抱头，避之不及。

金星是真正的"火炉"。地球上40℃的高温已经让人受不了，但金星表面的温度高得吓人，竟

然高达460℃，足以把动植物都烤焦，而且在黑夜并不冰冻，夜间的岩石也像通了电的电炉丝一样发出暗红色光。金星怎么会有这么恐怖的高温呢？这也是二氧化碳的"功劳"。白天，在强烈阳光的照射下，金星地表很热，二氧化碳具有温室效应，也就是说，大气吸收的太阳能一旦变成了热能，便跑不出金星大气，而被大气挡了回来，二氧化碳活像厚厚的"被子"，把金星捂得严密不透风，酷热异常。再加上金星的一个白天相当于地球上58天半，吸收的热量更是越聚越多，热量只进不出，从而达到了460℃的高温，比最靠近太阳的水星白昼的温度还要高（水星约430℃）。

温室效应使金星昼夜几乎没有温差，冬夏没有季节变化。因而金星上无四季之分。

其实，地球上也有温室效应，只不过地球大气中二氧化碳只有3.3%，所以地球温室效应远不如金星上的强烈。但是，就是这点二氧化碳，就可使地球的平均温度达到17℃。

金星上如此恶劣的环境，是以前的人们不曾想到过的。这位曾经是地球的"孪生姊妹"的金星，一旦面纱被撩开，即刻让人们对金星上存在生命的幻想破灭了。

不过，人们头脑中还有一丝希望，那就是，金星上有水吗？

金星上有很少量的水，仅为地球上水的十万分之一。这些水分布在哪里呢？由"金星13号"和"金星14号"探测表明，在硫酸雾的低层，水汽含量比较大，为0.02%，而在金星表面大气里有0.02‰，金星表面找不到一滴水，整个金星表面就是一个特大的沙漠，在每日的大风中，尘沙铺天盖地，到处昏昏沉沉。

金星地表与地球有几分相似。金星因为有大气保护，环形山没有水星、月球那么多，地形相对比较平坦，但是有高山。山的高度最大落差与地球相似，也有高大的火山，延伸范围广达30万平方千米。大部分金星表面看起来像地球陆地。不过，地球陆地只有3/10，其余7/10为广大海面。金星陆地占5/6，剩下的1/6是小块无水的低地。至今金星的表面未发现有水。

金星有与地球相似的大小、质量和密度，同时还有含水汽的大气。所以，人们推测，金星上可能有大海。如果有大海的话，就可能有生物存在。尽管在20世纪70年代，苏联的"金星号"系列飞船在金星着陆，推翻了金星上有大海的假说。尽管金星有与地球相似的地貌，平原、峡谷、高山，可人们对金星寻海并不死心，到20世纪80年

代，这个问题又被重新提了出来。

重新提出这一问题的是美国科学家彼拉·詹姆斯。他认为大海在金星上存在过，后来又消失了。分析原因，一种可能是太阳光将金星水气分解为氢和氧，氢气团重量轻而纷纷背叛金星。第二种可能是，在金星早期，它的内部曾散发像一氧化碳那样还原的气体，由于这些气体与水的相互作用，把水分消耗掉了。第三种可能是，由于金星上

金星

大量的火山爆发，大海被炽热的岩浆烤干了。还有一种可能是，水源来自金星内部，后来又重新归还原处。

美国密执安大学的科学家多纳休等人，在彼拉克·詹姆斯的基础上，又提出了新看法。他们认为，太阳早年不像这样亮和热，辐射热量也少于30%，那时金星气候就不像现在这样热了，有适宜气候，大海应运而生，生物有可能在大海繁衍生息。可后来，太阳异常地热起来，加上金星一天等于地球117天的缓慢运转，经不起烈日的酷晒，金星上的大海被烤干了。

后来有不同看法提出。美国依阿华的科学家弗里克认为，根本不存在大海，观测表明，金星大气层是不断进入大气层的彗星核造成的，彗核成分是水冰。至今，金星大海仍是个未解之谜。

金星上的另一个疑问是卫星哪去了？在太阳系的67颗卫星中，水星、金星没有卫星，不过金星曾有过卫星。那是1686年8月，法国天文学家、巴黎天文台第一任台长卡西尼宣布发现金星卫星，并推算这颗卫星的直径为金星直径的1/4，即1500千米，类似于地球、月亮的比例。当时卡西尼已发现了9颗卫星，结果金星的卫星又轰动一时。

很多人就这颗卫星的位置、亮度、轨道、半径、周期进行了研究，在1764年，就有发表观测金星卫星的文章。

后来，观测技术进步了，却再也没发现金星的卫星，是失踪了吗？怀疑和简单否认都是不客观的。

假如有卫星，那它到哪里去了？什么时候、又是什么原因消失的？这又是金星的第二个谜。

水星之谜

◎ ◎ ◎ ◎

地球到月球的距离是38万千米，地球与水星最靠近时也有7700万千米，而水星跟月球差不多大小。难怪人们传说，哥白尼临终前最大的遗憾就是：一辈子没有看到过水星。

水星是离太阳最近的行星。它到太阳的平均距离只有5800万千米，这个距离只有地球到太阳距离的2/5。太阳光用8分多钟跑到地球上来，而只用3分钟多一点就可到水星表面了。

水星的大小在太阳系行星里排在倒数第二，直径只有4880千米，甚至比不上大行星的某些卫星，比如木卫三（直径5276千米），土卫六（直径5120千米）都要比它大。水星比地球的卫星——月球（直径3476千米）大不了多少，但是比起

月球到地球的距离却远多了，月球到地球的距离是38万千米，水星与地球最靠近时，距离达到7700万千米。

水星非常小，又总是靠近太阳，我们要见到水星比较难。只有当水星与太阳的角距离达到最大时，太阳在地平线以下，天色昏暗，而水星恰好在地平线以上的时候，我们才有机会看到它。这样的机会在一年中只有很少的几次，当水星非常难地恰好从地球和太阳之间通过时，我们有可能在太阳圆面上见到这个小小的行星，人们给这种现象取了个好听的名字——水星凌日，这种情形，每一世纪大约出现12次。

水星的行踪难觅，从地球上对它进行研究自然难以奏效。在地球

上，用最好的天文望远镜观测水星时，只能分辨出水星上750千米大的区域，看不清水星表面的细节。曾经有人认为水星自转周期与公转周期一样，始终以同一面朝向太阳。但是，直到20世纪60年代，天文学家用射电望远镜对水星进行了雷达探测，观测结果清楚表明，水星自转周期是59天，是公转周期88天的2/3，换句话说，水星每绕太阳转两周，绕自己的轴线转三周，这种运动形式多么和谐！

水星上没有大气，太阳近距离地灼烤着水星，以给地球9倍的光和热倾注于水星上，使水星面向太阳的一面，最高温度可达到400℃左右，岩石中的铅和锡都会被太阳光熔化析出，更别说生命的存在了，这里是太阳系最热的地方之一，黑墨般的天空悬挂着巨大的太阳，比地球上看到的太阳大8倍，四周寂静无声，简直像一座炼狱。别以为水星只是个滚烫的星球，有时候它又冷得吓人。在水星背向太阳的一面，由于没有大气起调节温度的作用；温度下降极为迅速；温度多在零下163℃以下。不可能有

生命在水星上生存。

由于水星太靠近太阳了，在地球上是看不清楚水星真面貌的。

1973年11月4日，美国宇航局成功地把"水手10号"送上了飞向水星的旅程。在1974年3月和9月、1975年3月，"水平10号"3次掠过水星表面，最近时距离只有300千米，拍摄了大量照片，再用电视发回地球，一幅又一幅清晰生动的画面向人们展现未曾看到也未曾料到的水星景象。人们发现，在1974年3月的那短短几天里，对水星的认识比以前整个人类历史积累起来的知识的总和还要多。

乍看上去，水星非常像我们的月球。

水星表面和月球一样，到处凹凸起伏，大大小小的环形山星罗棋布，悬崖峭壁耸立，长长峡谷幽深，随处可见绵延的山脉、辽阔的平原和盆地。远远看去，和月球没有什么两样。

仔细检查"水手10号"所拍的照片，科学家们还是发现了水星和月球地貌的差别。

首先，水星上环形山比较密

布的地区，中间有不少平坦的山间平原，这在月球上基本看不到，月球表面上密布的环形山是一个叠一个，彼此之间根本不存在平地。科学家认为，这是由于水星和月球表面引力不同的缘故。同地球引力相比，月球表面引力是0.16，水星上表面引力为0.38（把地球的表面引力取作1.00。如果一个人在地球上重量是50千克，到月球上重8千克，到水星上重19千克）。由于环形山都是遥远的过去由无数陨星碰撞形成的，受撞击溅出的火星物散落面积因引力大小而不同，水星上抛射物散落面积小，二次撞击后所形成的环形山紧挨着初次撞击所形成的环形山周围；而在月球表面上，二次环形山就可以远远分散在6倍大的面积上。由此，水星上未被撞击的古老平原不容易被环形山全部占据，而是间或存在于环形山之间。

其次，水星表面到处都有不深的扇形峭壁，称为"舌状悬崖"，高1～2千米，长几百千米，这些悬崖被认为是巨大的褶皱，但在月球表面是绝对看不到的。水星上最高

的陡壁达3千米，延伸数百千米。例如，水星北极附近的维多利亚悬崖。

除了反映水星地形上的特征以外，"水手10号"还发现水星上有一个磁场，虽然地球磁场比它强上100倍，但水星上确实存在类似于地球的双极磁场，且比金星和火星的磁场强多了。这一点纠正了在1974年以前的观念，人们一直以为水星由于自转缓慢不会有磁场。

水星周围有磁场，就意味着水星必定有一个铁质的内核，只有这样，水星才会有永磁场。科学家计算出铁质内核的直径为3600千米，竟和月球大小相似。因为水星密度很大，它的体积只有地球的5%，所以水星这个铁质内核应该是很巨大很坚硬的。

不管水星和月球外貌多么相似，两者却有非常大的差别。月球是没有磁场也没有铁质内核的。水星的内核却与我们地球相似。

我们在照片上看到水星表面最大的地形特征是盆地，直径约1300千米，四面是高出周围平原达2千米的山峦，这个盆地在水星表层北

纬30°、西经195°的地方。每当"水手10号"飞越该盆地时，水星正好运动到它的轨道上的近日点，这个盆地恰好处在日下直射点，温度骤升，成为水星最热的地方，也是太阳系所有行星表面最热的地方。人们给它取名为"卡路里盆地"。"卡路里"在拉丁语里的意思是"热"。热盆地貌似月球上的"月海"，因此也有人称它为水星上的"海"。

看到水星的名字，人们脑海里总会产生这样的联想：水星上面有水吗？水星和水有何关联呢？

很早以前，日、月和五颗行星能被肉眼观测到。它们在天空移动而且明亮，能发出连续不断的光，而那些遥远的星星，看来位置稳定，闪闪烁烁。我们的祖先就给了日、月、五颗行星以特殊的位置，想象它们是主宰物质世界神灵的化身或是天神的住地。在西方，古罗马人看到水星绕太阳公转一周的时间最少，运行得最快，所以把希腊神话中一个跑得最快的信使"墨丘利"的名字给了水星。在中国，古时盛行阴阳五行说，把宇宙简化成阴阳两大系统，揭示自然万物的构成变化，"阴阳者，天地之道也"。于是，日月的名字分别又叫太阳、太阴，五大行星又可以用五行来表示，就有了现在的水星、金星、火星、木星、土星的名称。它反映了炎黄子孙特有的智慧和思维方式，是东方的精神文化之花。难怪法兰西有句格言："结论取决于观点。"行星的名字，可以反映当时的观点，流传到现在，成为人们习惯的称呼。

那么，水星上到底有没有水呢？通过"水手1号"对水星天气的观测表明，水星最高温427℃，最低温-173℃，其表面没有任何液体水存在的痕迹。就算是我们给水星送去水，水星表面的高温也会使液体和气体分子的运动速度加快，足以逃出水星的引力场。也就是说，要不了多久，水和蒸汽就会全部跑到宇宙空间，逃得无影无踪了。

水星上的大气非常稀薄，大气压力不到地球大气压力的一百万亿分之一，水星大气主要成分是氮、氢、氧、碳等。水星质量小，本身吸引力不能把大气保留住，大气会不断地向空中飞逸。现在的稀薄大气可能是靠太阳不断地抛射太阳风来补充的。而且从成分上也有相似的系统，太阳风和水星上微薄大气的大部分成分都是氢、氦的原子核和电子。

此外，从水星光谱分析来看，水星上虽然有点大气，但大气中没有水。这已是普遍公认的事实了。

然而，宇宙的奥妙无穷，常会有人们意想不到的事发生。没有液体水，没有水蒸气的水星，却"发现了冰山"。

1991年8月，水星飞至离太阳最近点，美国天文学家用27个雷达天线的巨型天文望远镜在新墨西哥州对水星观测，得出了破天荒的结论——水星表面的阴影处，存在着以冰山形式出现的水。

冰山直径15～60千米，多达20处，最大的可达到130千米。都是在太阳从未照射到的火山口内和山谷之中的阴暗处，那里的温度达-170℃。它们都位于极地，那里的温度通常为-100℃，隐藏着30亿年前生成的冰山。由于水星表面的真空状态，冰山每10亿年才溶化8米左右。

天文学家是这样解释水星冰山形成原因的：水星形成时，内核先凝固并发生剧烈的抖动，水星表面形成褶皱——高山，同时火山爆发频繁，陨星和彗星又多次相冲击，水星表面坑坑洼洼。至于水是水星原来就有的，还是后来由陨星和彗星带来的，看法上还有许多分歧。

虽然，水星有水的说法尚待证实，但有水就可能有生命。美国科学家们的新发现，引起学术界的浓厚兴趣。

火星人面石、金字塔之谜

◎ ◎ ◎ ◎ ◎ ◎ ◎ ◎ ◎ ◎ ◎ ◎ ◎

我们从1976年美国"海盗1号"飞船发回圣多利亚多山的沙漠地区上空的照片上，可以清楚地看到，在一座高山上，耸立着一个巨大的五官俱全的人面石像，从头顶到下巴足足有16千米长。脸心宽度达14千米，与埃及狮身人面像——斯芬克斯十分相似。这尊人面石像似仰望苍穹，凝神静思。在人面像对面约9千米的地方，还有4座类似金字塔的对称排列的建筑物。

从此，火星"斯芬克斯"便成了爆炸性消息。科学家对人面像究竟是如何出现在火星的问题，依然非常谨慎，认为这不过是自然侵蚀的结果，是由一些自然物质凑巧形成的，或者是自然物体在光线影响下及阴影的运动造成的。但是，仍有很多人相信"火星人面"是非

自然的，他们宣称，用精密仪器对照片进行分析，发现人面石像有非常对称的眼睛，并且还有瞳孔。霍格伦小组认真分析对比认为，最有说服证据的是"对称原理"，一个物体正因为符合绝对对称后才证明其出自人手，而非自然天成。五角大楼制图和地质学家埃罗尔托伦同样说："那种对称现象自然界根本不存在。"人们继续对这些照片研究，又有许多发现，火星上的石像不止一座，而有许多座，并且连眼、鼻、嘴，甚至头发都能看得很清楚。金字塔同样有许多座。在火星的南极地区，美国科学家发现有几何构图十分方正的结构体，专家们称之为"印加人城市"。在火星北半球的基道尼亚地区，在类似埃及金字塔东侧发现奇特的黑色圈形

构成体。还有道路及奇怪的圆形广场，直径1千米。道路基本完整，有的道路在修建时特意绕过坑坑洼洼。在火星尘暴漫天的条件下一般道路会在5000～10000年内消失无影。以此估计建成时间不会太长。研究者将火星上金字塔与地球上金字塔作比较，认为两者相似，火星金字塔的短边与长边之比恰恰符合著名的黄金定律，肯定和地球上建立金字塔过程中运用了相同的数字运算。只是火星上的金字塔高1000米，底边长1500米，地球上最高的第四朝法老胡夫的金字塔才高146.5米，不过也相当于40层高的摩天大楼。但它在火星金字塔面前却相形见绌。火星照片上那些奇特的图像都集中在面积为25平方千米的范围内。

专家们估计，火星上的人面像、金字塔有50万年历史了。50万年前的火星气候正处于适合生物生存的时期，因此他们推断，这很可能是火星人留下的艺术珍品，甚至可能是外星人在火星上活动所留下

的杰作。事隔20年后，在火星轨道上进行测绘任务的美国"火星观察者"太空飞船又飞越了"火星人面"区域拍到了更为清晰的照片。与1976年相比，这次的图片将"火星人面"放大了10倍，并且是在逆光中拍摄的。它像什么呢？

负责"观察者"号太空飞船任务的科学家，加州科技学院的阿顿·安尔比断定是自然形成的图案。他说："它是自然岩石形状，是一片独立的山地，只不过是峰峦沟谷在光线的影响下形成了'人面'。"并说，这种现象坐在飞机上的任何人都会遇到，从华盛顿到洛杉矶的飞机上就可以看到很多像那样的景色，而非人工建筑。地理学家也认为，形成"人面"的山上和阴影部分只不过是光线变化所致，也很可能是几百万年来气候变化的偶然结果。

但是，仍有很多人坚持"火星人面"是非自然的。我们期待着谜底揭开的那天！

土星的六角云团之谜

美国国立光学天文台的科学家们在研究"旅行者2号"发回的土星照片时，发现了一个奇怪的现象：在土星的北极上空有个六角形的云团。这个云团以北极点为中心，没有什么变化，并按照土星自转的速度旋转。

这个土星北极六角形云团，并不是"旅行者2号"直接拍到的，因为它并没有直接飞越土星北极上空。但它在土星周围绕行时，从各个角度拍下了土星照片。天文学家们把这些照片合成以后，才看清了土星北极上空的全貌，也才发现了那个六角形云团。

土星北极上空六角形云团的出现，促使科学家们不得不重新认识土星。美国国立光学天文台的戈弗雷测出土星的自转周期是10小时39分22.082±0.22秒，这就是根据"旅行者1号"和"旅行者2号"拍摄的土星北极上空的六角形云团的特征计算出来的。在这之前，则是根据它的周期性射电来探测的。

戈弗雷发现，土星北极的六角形结构是由快速移动的云团构成的，尽管如此，它还是很稳定。戈弗雷说："这种对应使人们觉得六角形和同样速率的内部自转全然不像是一种巧合。这种表面特征和行星的内部不知有什么联系。"

美国宇航局戈达德空间研究所的阿林森和新墨西哥州大学的毕比认为，土星六角形云团是罗斯贝波，这是一种特殊类型的波，它也会在大气和地球海洋出现大尺度稳定波运动，罗斯贝波具有很长的波长。在土星上，这种波相对于土星的自转来说，是稳定的，并被嵌在一个窄的、以每秒100米的速度向东喷发的喷流中。六角形云团至少被一个椭圆形涡漩摄动而向南移，

这个涡漩的直径大约为6000千米。但是，土星的"行星波数"为什么呈六角形，现在还没有一个令人满意的解释。

似以土星北极点为中心的六角形云团

土星环之谜

在太阳系的八大行星中，除土星外，天王星和木星也都具有光环，但它们都不如土星光环明丽壮观。

在望远镜里，我们可以看到三圈薄而扁平的光环围绕着土星，仿佛是一个明亮的项圈。

土星光环结构复杂，千姿百态。光环环环相套，以至成千上万个，看上去更像一张硕大无比的密纹唱片上那一圈圈的螺旋纹路。

所有的环都由大小不等的碎块颗粒组成，大小相差悬殊，大的可达几十米，小的不过几厘米或者更微小。

它们外包一层冰壳，由于太阳光的照射，而形成了动人的明亮光环。

土星光环不但明亮，而且又宽又薄。

土星环延伸到土星以外辽阔的空间，土星最外环距土星中心有10～15个土星半径，土星光环宽达20万千米，可以在光环面上并列排下十多个地球，如果拿一个地球在上面滚来滚去，其情形就如同皮球在人行道上滚动一样。

土星光环又很薄。我们在地球上透过土星环，还可见到光环后面闪烁的星星，土星环最厚估计不超过150千米。

奇异的土星光环位于土星赤道平面内，与地球公转情况一样，土星赤道面与它绕太阳运转轨道平面之间有个夹角，这个27°的倾角，造成了土星光环模样的变化。我们会一段时间"仰视"土星环，一段时间又"俯视"土星环，这种时候的土星光环像顶漂亮的宽边草帽。另外一些时候，它又像一个平平的圆盘，或者突然隐身不见，这是因为我们在"平视"光环，当光环的侧面转向我们时，远在地球上的人们望过去，150千米厚的土星环就像一张薄纸——光环"消失"了。每隔15年，光环就要消失一次。

即使是最好的望远镜也难觅其"芳踪"。在1950～1951年、1995～1996年，都是土星环的失踪年。这也难怪伽利略纳闷了，却也证实了惠更斯设想的正确。

土星光环不仅给我们美的享受，也留下了很多谜团。目前还不知道组成光环的这些物质，是来自土星诞生时的遗物呢？还是来自土星卫星与小天体相撞后的碎片？土星环为什么有那么奇异的结构呢？这些都是有待科学家们研究探讨的难题。

土星

绕太阳运行的神秘天体之谜

英美科学家们惊奇地发现，已飞行很久的"先锋10号"宇宙探测器竟给他们带来了一个令人振奋的消息：一个新的天体正围绕太阳运行。

观测者们还没有见到这一天体，但他们坚信它的存在，因为"先锋10号"的轨道因它发生了变化！

据悉，如果这一发现属实，那它将成为因重力这一唯一原因而被发现的太阳系中的第二颗行星。第一次是1846年海王星的发现：科学家在1787年发现了天王星，后来发现天王星的轨道十分异常，从而发现了对其具有引力的海王星。

这颗新星是由英美天文学家组成的小组发现的，它很可能就是所谓的"Kuiper带"天体。而"先锋10号"的轨道数据则来自美国宇航局"深度空间"网络，这一网络是由一系列大型射电望远镜构成的，目的是为了观测太空深远处的情况。

早在1992年12月8日，那时"先锋10号"已飞离地球84亿千米，该天文小组就发现探测器的飞行轨道出现了偏差，他们一直在研究这一现象，希望找出原因。直到最近，在经过多种方法分析研究"先锋10号"发回的数据后，他们才肯定了自己的推论，即太阳系又有了新成员。

在一段时间内，他们力图计算出此天体可能达到的最远距离以及具体位置。他们初步预计，此天体是在撞上一大行星后而被抛到太阳系边际的。该天文小组的一位英国博士称："我们对这一发现欣喜若狂，它真是天文学上一个极好的标志性事件！"

据称，这一天体可能是茫茫宇宙中已知的数百个围绕太阳运行的天体中的一个，它们大都由冰及岩石构成，且远在海王星之外。这些天体在行星大家族中属于小字辈，直径仅有几百千米，但天文学家相信，有几百万个这种小行星在围绕太阳运行，并形成一条庞大的"星带"。1992年，天文学家发现了第一个这类天体。

1972年3月，"先锋10号"被发射升空，它是第一个要穿过火星及木星间小行星带飞向更远太空的探测器。但天文学家无法知道，它是否能安全闯过这一地段。

"先锋10号"也是第一个到达气体行星——木星的探测器。随后，它又成功飞离太阳的行星系统。虽然它还未进入星际领域，但这已开创了太空探测器的先河。

1997年，在"先锋10号"飞行了25年后，虽然它仍在发回信息，

但美国宇航局还是暂停了对它的监控。

最近，科学家突然发现，一股神秘的力量作用于这个"老太空旅客"，但一时又无法找到原因，后来，这股力量竟将它向一个方向推移。

据悉，"先锋10号"将在200万年后到达金牛座星群。

宇宙间到底有多少秘密，恐怕我们永远也探知不完，但是每次新的发现都会让人惊喜不已，就如同那颗太阳系的新成员，相信总有一天，我们会看到它的真面目。

茫茫宇宙中绕太阳运行的神秘天体

太阳系星球之谜

◉ ◉ ◉ ◉ ◉ ◉ ◉

智慧生物与生命是两个不同的概念。在被怀疑拥有原始生命的太阳系诸天体中，火星是被议论得最多的一个。在20世纪70年代，"水手号"和"海盗号"飞行器对火星的探测，终于否定了"火星人"的神话。然而，从海盗号探测站所进行的三项实验来看，却不能绝对地肯定那里不存在任何生命形态。

第一项实验是检查有无以光合作用为基础的物质交换，答案是否定的。第二项实验是仿效地球上的物质交换，视察澄清土壤样品中有无微生物。实验时在土壤样品中加入含碳14的培养液，若土壤中有生物，会吸收与消化养分，会排出有放射性的碳14，这可在计数管中进行检测，结果记录到了。而在预先经过消毒处理的土壤中则没有记录

到。第三项实验是测量生物与周围环境所发生的气体交换。在加入培养液的土壤样品中，质谱仪记录到有氧的发生，但两小时后却突然停止，不过微量二氧化碳的析出却持续了11天之久。有人指出，如果土壤中存在过氧化物，那么氧的析出就可能不是生物造成的。因此，根据这三项实验的结果，人们既不敢肯定，也不能否定火星上生命存在的可能性。

即使退一步说，这三项实验证明了火星上没有生命。但它毕竟只能反映实验地点的情况，而不能以点代面地说明整个火星的情况。要知道，四十多年前，人们对环境恶劣的地球南极地区进行考察时，也曾认为那里是不适宜生命存在的，在早期的考察活动中也确实没有发

现"定居型"的生物。然而在1977年，人们却在那里的石缝中找到了地衣和水藻。一些火星研究者指出，在火星赤道附近有两个地方，土壤中水的含量要比别处丰富得多。每天每平方厘米的地面至少能释放出100毫克的水（一到夜晚，水汽则凝结为霜，因此这两个地方从地球看去要比火星其他地方明亮得多）。他们认为这两个地方的环境比地球上一些已发现有微生物的极端恶劣环境，更适于生命存在。

美国国家航空航天局和斯坦福大学最近发表了一篇报告，认为40亿～45亿年前，南极大陆上曾存在微生物。而从南极大陆的火星陨石中发现的显示火星生命体存在的物质看，地球外存在有生命体的迹象。

美国国家航空航天局局长克鲁把火星上可能存在生命体这个宇宙研究史上的最新发现称为"令人震惊的发现"。

新发现是从1984年被发现的12个陨石中的一个叫作"ANL8400"的南极陨石分析中产生的。它大约是1500万年前火星与木星间小彗星群碰撞的结果，大致在1300万年前落在南极大陆，年龄大致是40亿～45亿年。美国国家航空航天局和斯坦福大学的研究表明，对陨石进行薄片分析后，能见到一种叫"多循环芳香碳水化合物（PAH）"的有机物。这种有机物可以证明火星的生成过程或微生物存在的可能性，从陨石切片可以得出火星上曾有生物体存在的痕迹。

从PAH中还可以发现，有的细菌酷似地球细菌，其分子结构为与磁铁和巴伐利亚硫化铁相似的单细胞物质，这也为火星上有微生物存在的推论提供了证据。当然，美国航空航天局仅用"有力的证据""有待进一步调查证实"等字眼，尽量避免使用火星上存在微生物的肯定性语言。土卫六是土星的第六颗卫星。它的直径约5800千米，是太阳系中最大的一颗卫星。它也是太阳系里已知的唯一具有真正大气层的卫星。根据1944年奎伯对其光谱的分析，认为它的大气主要由甲烷和氢组成，其大气压约在0.1～1个大气压之间。也就是说，其大气密度虽不及我们地球，但比火星大气却要密得多。土卫六因距太阳较远，表面温度大约维持在零下150℃左右。

根据科学家对生命起源的实验研究，人们知道，用紫外线照射甲烷和氢，就能形成许多有机化合物，如乙烷、乙烯、乙炔等。事实上，1979年9月，"先驱者11号"宇宙探测器在距离土卫六35.6万千米处拍摄到的照片显示，这颗卫星呈现桃红色。这表明它的大气中确实含有甲烷、乙烷、乙炔等，还可能有氮的一些成分。乙烷、乙炔的存在使人们相信，土卫六上有可能找到更复杂的有机物。因此人们认为，在土卫六表面可能存在一层由较复杂的有机物组成的海洋和湖泊，其情形也许酷似地球生命发生前夕的所谓"有机物海"。如果这一推测是可靠的，那么土卫六上就很可能有一些原始的生命形态。

1980年底，"旅行者号"飞船飞临土星上空时，人们曾期望它能给我们带来更多的有关土卫六的信息。遗憾的是，它只发现土卫六的大气并不像早先所认为的以甲烷为主，而是以氮为主，氮约占98%，甲烷仅占不到1%。此外，还有乙烷、乙炔和氢。值得高兴的是，在红外探测资料中，发现其云层顶端含有与生命有关的分子，可能是属于生命出现前的氢氰酸分子。但是，由于它的大气几乎完全呈雾状，妨碍了飞船对土卫六表面的观测。因此，土卫六上是否真有生命，还有待进一步证实。

第三颗引起人们注意的可能拥有生命的天体是木星的卫星木卫二。木卫二，直径为3000千米左右，在木星的卫星中属第四大卫星。根据近红外波长的光谱分析，这个卫星的表面存在大量由水构成的冰。而根据其平均密度为3.03克/立方厘米来估算，它可能有一个厚约100千米的由冰和液态水组成的壳层。

1979年3月，当"旅行者号"飞船飞越木卫二上空时，人们曾非常惊奇地注意到，木卫二具有奇特的与众不同的外貌，分布着许许多多纵横交叉的条纹，犹如一大堆乱麻。经分析，这些条纹应是木卫二冰壳上的裂纹，其中有些裂缝的宽度可能有数十千米，长达1000千米，深为100～200米。更有意义的是，人们还注意到，这种像乱麻一般交叉的裂缝具有褐色的基调，与其周围颜色浅得多的部分相比，显得轮廓分明。对这种褐色物所作的光谱分析表明，它们很可能是有机聚合物。据此，人们推测，当木卫二从原始星云中形成时，可能也和地球等天体一样，聚集有一些来自原始星云的甲烷和氨。之后，这些气体可能在内热的作用下不断地释放出来，当其渗透到表面时，便会在太阳紫外辐射和来自木星的带电粒子的激发下，合成为有机物。尽管同样的辐射也会摧毁这些有机物，但液体水却能保护它们，甚至还会促使它们进一步水解，复合形成氨基酸，为生命的形成提供条件。

与此同时，来自地球的一项发现也启发着人们的思考。那是在南极的干谷，有一些常年冰封的湖泊。极其微弱的阳光在透过上部厚厚的冰层以后，到达湖底已是微乎其微。然而，当人们潜入这冰冷的、幽暗的湖底时，却意外地发现那里生活着一大片蓝绿藻。它们就靠这微弱的阳光生活。木卫二尽管

离太阳比地球远得多，温度低，阳光弱，但并不比南极冰湖下的环境更差。而且由于自转和公转的耦合关系，它有长达60小时的白昼。因此，在一些裂缝刚刚破裂开来的地方，水体里将有可能接受到较充足的阳光，从而使生命在那里繁殖生存。一直到5亿～10亿年后，当裂缝重新被厚厚冰层所覆盖时，生命也就暂时地潜伏起来，等待另一次机会。当然，以上所述还只是一些推测，要证实这一猜想，需要有一个能潜入木卫二冰壳下的太空潜水装置。其实，不仅是上述三个天体，就是对金星、木星、木卫一，甚至我们的月球，是否没有任何生命形态，人们也没有完全排除怀疑。至于月球，尽管已有阿波罗6次登月和苏联2次月球自动站的考察记录，但仍有一些人对月球生命问题不肯轻易放弃。他们提出了种种怀疑，并猜测是否会有生命隐居在月面之下。

综上所述，我们对太阳系中其他天体是否拥有生命的讨论远远没有结束，人们正期待着今后更深入的探索。

地球的秘密

◎ ◎ ◎ ◎ ◎

　　我们通常认为脚下的地面，很实在，很平稳；天空在头顶，很遥远，很缥缈，天地对立。事实上，我们就在天上，且已经在太空中运行了几十亿年。

　　地球，就是我们正踩在脚下的行星。我们在上面生活，呼吸着它的空气，喝着地球表面的水，我们对它最熟悉不过了。

　　当然，地面上的人们不可能一眼看出大地是球形的。只有当太空人乘坐宇宙飞船，飞出地球，才可以清楚地看到它是个圆球，如果飞到月球上或者更远的行星上，才能亲眼看到地球是个行星，在天空中绕太阳运动着。

　　在广阔无际的宇宙中，行星地球又恰似一颗微尘。地球的历史一般认为有46亿年，它在太空中运行几十亿年中，既受别的天体吸引（如太阳），同时又吸引别的天体（如月亮）；既受万有引力作用，又受离心力作用。互相保持着平衡，在自己的轨道上有条不紊地运行着。整个太阳系，乃至整个宇宙组成一个看不见、摸不着的有机网络，地球就在网络中的一个网节上。

　　地球大小：半径6378千米，体积是太阳的130万分之一；

　　地球质量：5.98×1024千克，质量是太阳的33万分之一；

　　地球自转速度：赤道上465米/秒；

　　自转周期：23时56分；

　　公转周期：365日6时9分；

　　地球公转速度：30千米/秒。

　　地球环绕太阳转一圈是365日多一点，是一个回归年，叫作一个地球年（水星一年88天，金星224.7天，火星687天），在这365天中，我们能看到星空斗转星移，同样的天空图景在一年后会重现。

地球同时又绕自己的轴心在旋转，自西向东每24小时转一周，这是地球上的一天（水星一天176小时，金星117小时，火星24.6小时），我们观察到日、月、星东升西落，昼夜交替，面向太阳的一面是白昼，背向太阳的一面是夜晚。

地球斜着身体绕太阳公转。自转轴与公转轨道面的垂直方向有23.5°的夹角，所以，太阳在一年中轮流在地球南北纬23°之间直射，于是地球有了四季的变换。

当太阳正对地球北半球直射时，就是北半球的夏季及南半球的冬季，反过来，当太阳直射南半球时，南半球转为夏天，北半球进入冬天。

地球上大部分地区就有了春夏秋冬的更替、寒来暑往的变化，我们按得到太阳光的多少和昼夜的长短把地球分为热带、温带和寒带，我们中国绝大部分地区都在温带。

与人类性命攸关的地球到底在哪些地方得天独厚呢？

八大行星中地球距离太阳不远不近。地球是从太阳往外数的第三颗行星。距太阳1.5亿千米，远近适中，吸收阳光适度，既不像水星、金星遭太阳炙烤，又不像外行星被太阳冷落；因而具有适宜的温度，成为孕育生命、繁衍生命的天然温室。

在九大行星中，唯有地球携带生物所需的一切物质。大多数地球生物需要水和氧气，而地球恰好能自给自足。水覆盖了大半个地球，占7/10，氧气和其他气体混合包围在地球四周，生物们可以随时取用。氧、水和食物不断更生循环，新陈代谢，物质供应便源源不断。

八大行星中，只有地球表面生机勃勃。如果有一位外来的太空旅行者，他一眼就会看出，地球比任何邻居都有趣。外面云层翻卷，压强、温度、湿度瞬息万变，时而风雨交加、时而电闪雷鸣、时而又云淡风轻。往里看，会发现地球是个潮湿的星球，水面占71%，除此之外，就是岩石组成的陆地，占29%地面。

陆地的平均高度比海平面高840米，最大的陆块叫作大陆。大陆表面万紫千红，两极有白皑皑的厚冰壳，赤道上绿茵茵的热带丛林，沙漠中黄沙漫漫，草原上碧草茵茵。降临地球，更会被形形色色的生命吸引住。面积约5亿平方千米，纵深约为3000米的生物圈，它像一层外衣紧紧包裹着地球，厚度虽只有地球的1/4250，然而它对于生命却非同小可，绝大多数的植物、动物，包括人类，就在此栖息、繁衍，演绎着一个个生命的故事，地球因此而富有生气。

今天探测器可以遨游太阳系外层空间，但对人类脚下的地球内部却鞭长莫及。目前世界上最深的钻孔也不过12千米，连地壳都没有穿透。科学家只能通过研究地震波、地磁波和火山爆发来揭示地球内部的秘密。一般认为地球内部有四个同心球层：内核、外核、地幔和地壳。

地壳实际上是由多组断裂的、很多大小不等的块体组成的，厚度并不均匀。

大陆地壳平均厚三十多千米，海洋地壳仅5~8千米。地壳上层为花岗岩层，下层为玄武岩层。理论上认为地壳内的温度和压力随深度增加，每深入100米温度升高1℃。近年的钻探结果表明，在深达3千米以上时，每深入100米温度升高2.5℃，到11千米深处温度已达200℃。

目前，所知地壳岩石的年龄绝大多数小于二十多亿年，即使是最古老的石头——丹麦格陵兰的岩石也只有39亿年；而天文学家考证地球大约已有46亿年的历史，这说明地球壳层的岩石并非地球的原始壳层，是以后由地球内部的物质通过火山活动和造山活动构成的。

地幔厚度约2900千米，主要由致密的造岩物质构成，是地球的主体。放射元素大量集中在此，将岩石熔化。

所以，此层可能是岩浆的发源地。地核的平均厚度约3400千米，外核呈液态，可流动。内核是固态的，主要由铁、镍等金属元素构成。中心密度为每立方厘米13克，温度最高可达5000℃左右，压力最大可达370万个大气压。

我们居住的地球，自诞生以来，已有46亿年的历史。在这漫长的岁月中，地球不断发展变化，逐步形成了今天的地球模样。

地球生命史也长达38亿年，人类则有二三百万年的历史。

如果把地球46亿年的演化史比作24小时的话，人类的出现则只有半分钟，这时，我们会看到一幅十分奇异的演变图景。

在一昼夜的最初子夜时分，地球形成。

12小时以后，中午，在古老的大洋底部最原始的细胞开始蠕动。

16时48分，原始的细胞体发育成软体动物、海绵动物和藻类，然后，出现了鱼类。

21时36分，恐龙王朝到来。

23时20分，鳞甲目动物全部绝迹，地球是哺乳动物的天下。

只是到了23时59分30秒，才出现最早的猿人。

人类从原始蒙昧进入现代，在这一昼夜中只有1/4秒。

自然界在极漫长的时期逐步发展起来，人类在其过程中只占了短暂的一瞬间，我们对地球的了解是极其有限的。

事实上，地球是既古老又新鲜的，我们对它既熟悉又陌生。

地球的体积在膨胀。过去一直认为，地球的体积是1100亿立方千米。科学家最新研究表明，地球实际体积要比这个数字大，因为地球在不断地膨胀。

地质学家在收集大西洋中脊东西两侧的大量资料时，看到了令人吃惊的一幕：大洋的底面在不断扩大！由于海底火山不断涌出熔岩形成新的地壳，海脊西侧的旧地壳便被向外推移过去，大西洋的东侧海底正在向东移动，西侧海底在向西移动——大洋底部在扩张！

海底扩张，使1910年魏格纳提出大陆漂移理论。他提出，所有大陆在很久以前都一度全部合而为一成超大陆，以后超大陆逐渐破裂，分离形成了北美大陆格陵兰大陆和欧亚大陆大部分，以及南美大陆、非洲大陆、南极大陆和澳洲大陆。现在的大陆仅是我们地球外层几个巨大板块的最上面部分，板块的边界都是有着剧烈地质活动的地区，火山、地震频频发生，熔岩在这里从地球深处涌上来形成新地壳。两板块相碰撞，那里便耸起高大的山脉，同时有强烈地震发生。

由于海底扩张，影响地球内部的物质组成，地心的密度逐渐变小，而地球的体积愈来愈大。由于体积的增大，使它自转的速度也降低了。

美国科学家威尔斯分析许多珊瑚虫化石，从这种生物坚硬甲壳上的年轮和生长线得知，在3.7亿年前，地球上的一年等于395天，而现在只有365天。

据此推论，在2亿年前，恐龙统治着整个世界，一年有385天，当时一天仅为23小时。当第一批植物离开水向陆地生根时，距今约4亿年，那时一年有405天，一天只有21.5小时。

在原始海洋拥有丰富的无脊椎动物，开始诞生有保护骨骼的脊椎动物时，是距今6亿年前的事，那时，一年不少于425天，一天长仅为20小时。

这应该是地球每天时间变长的一个解释了，相信不久的将来，地球自转的秘密会被全部揭开。

不仅地球表面的气温在明显升高，而且地核的温度也在大幅度上升。

美国科学家通过金刚石和钻枪模拟地核压力的实验，得出：地核温度为6880℃，不仅较以前人们认为的2700℃～3700℃要高几千度，而且比太阳表面的6000℃还要高。同时，经实验表明，大陆漂移的动力热源也来自地核，而不是以前认为的地核上面的地幔。这给科学家研究地球运动的规律提供了新线索。

地球是个固体星球，地球往里面看，最外面是海洋下7.2千米、陆地上40千米的地壳。

地壳下面是地幔，厚度约为2900千米，地幔下是地核，地核的压力惊人，所以温度虽高，仍然是固态。

新计算出的地核温度，让我们意识到地幔和地核之间就像有一个压力锅，绝大部分地核热量不能释放出来，但少量热气可以溢出通道，使地幔慢慢沸腾，整个地幔都在对流。

日本东京技术学院的一项研究

称，地球的海洋将会在10亿年后完全干涸，地球表面的所有生物将会消失，地球的命运将同火星一样。

不过，地球终会干涸的"预言"绝不说明地球人类面临所谓"世界末日"。

首先，10亿年实在是太漫长了，漫长得令当今世人无法想象；

其次，以地球人类的高度智慧，相对于10亿年而言，人类在不到弹指一挥间即能在地球以外找到或创造新的定居点，目前人类所掌握的空间技术就已经描绘了这一蓝图。所以，哪怕真有那么一天地球不再适合人类生存，人类也早已在别的地方繁衍、进化、生息得更兴旺了。

地球

地球成因之谜

◎ ◎ ◎ ◎ ◎ ◎

关心我们这个地球，并热爱它的人，难免会提出这样的问题：我们生活的这个地球是如何形成的？具有了一定科学知识的当代人，当然不会满足上帝"创世说"这样的答案。

实际上，早在18世纪，法国生物学家布封就以他的"彗星碰撞说"打破了神学的禁锢。然而，人们也许还不知道，随着科学的进步，关于地球成因的学说已达十多种，它们主要是：

彗星碰撞说。认为很久很久以前，一颗彗星进入太阳内，从太阳上面打下了包括地球在内的几个不同的行星（1749年布封提出此学说）。

陨星说。认为陨星积聚形成太阳和行星（1755年，康德在《宇宙发展史概论》中提出的）。

宇宙星云说。1796年，法国拉普拉斯在《宇宙体系论》中提出的，他认为星云（尘埃）积聚，产生太阳，太阳排出气体物质而形成行星。

双星说。认为除太阳之外，曾经有过第二颗恒星，行星都是由这颗恒星产生的。

行星平面说。认为所有的行星都在一个平面上绕太阳运转，因而太阳系才能由原始的星云盘而产生。

卫星说。认为海王星、地球和土星的卫星大小大体相等，也可能存在过数百个同月球一样大的天体，它们构成了太阳系，而我们已知的卫星则是被遗留下来的"未被利用的"材料。

在上述众多学说当中，康德的陨星假说与拉普拉斯的宇宙星云说，虽然在具体说法上有所不同，但二者都认为太阳系起源于弥漫物质（星云）。因此，后来把这个假说统称为康德—拉普拉斯假说，而被相当多的科学家所认可。

但随着科学的发展，人们发现"星云假说"也暴露了不少不能自圆其说的新问题。如逆行卫星和角动量分布异常问题。根据天文学家观察到的事实：在太阳系的系统内，太阳本身质量占太阳系总质量的99.87%，角动量只占0.73%；而其他行星及所有的卫星、彗星、流星群等总共只占太阳系总质量的0.13%，但它们的角动量却占99.27%。这个奇特现象，天文学上称为太阳系角动量分布异常问题。星云说对产生这种分布异常的原因"束手无策"。

另外，现代宇航科学发现越来越多的太空星体互相碰撞的现象，

1979年8月30日美国的一颗卫星P78—1拍摄到了一个罕见的现象：一颗彗星以每秒560千米的高速，一头栽入了太阳的烈焰中。照片清晰地记录了彗星冲向太阳被吞噬的情景，12小时以后，彗星就无影无踪了。

1887年，也发生了一次"太空车祸"，人们观测到一颗彗星在行经近日点时，被太阳吞噬；1945年，也有一颗彗星在近日点"失踪"。

苏联天文学家沙弗洛诺夫还认为，地球之所以侧着身子围绕太阳转，是因为地球形成1亿年后被一颗直径1000千米、重达10亿吨的小行星撞斜了……

既然宇宙间存在天体相撞的事实，那么，布封的"彗星碰撞"说的可能性依然存在，于是新的灾变说应运而生。

今天，关于地球起源的学说层出不穷，但地球是怎样形成的，仍是一个谜。

地球内部结构之谜

◎ ◎ ◎ ◎ ◎ ◎ ◎ ◎

怎样才能了解地球内部的情况呢？最好的办法，就是钻到地球里面看一看，就像法国科幻小说作家凡尔纳写的《地心游记》那样。可惜科幻小说毕竟代替不了现实，到目前为止，人们还没有能力自由自在地钻到地球中心去活动。

按照目前的科学技术水平，我们采掘的矿井，最深能达到一两千米。我们的钻井一般深度也只有三五千米。为了特殊的目的打的超深钻井，最大钻探深度也不过12000米左右。

可是，地球的半径有多少呢？足有六千三百多千米！相对于这一半径来说，一两千米、最多十千米的深度，就像我们吃苹果时，用刀子划破了的薄薄的苹果皮。苹果皮自然不能代替整个苹果，所以我们

今天的的确确无法清楚地知道地心深处到底是什么。

当然，人们也不是对地球一无所知。因为地球总是每时每刻在活动。人们运用已经掌握的知识，对许多来自地下深处的信息进行分析判断，可以推测出地下大概的情形。

地球上的火山活动告诉人们，地下有炽热的岩浆。人们还根据已经流到地球表面上的岩浆，把地下的岩浆分成含硅酸盐比较多的酸性岩浆和含硅酸盐比较少的碱性岩浆。但是，岩浆来自地下并不是很深的地方，最多也不过几十到几百千米。那么再深的地下是什么呢？

科学家们又找到另一种了解地下情况的武器：地震。

我们知道，一年之内地球上大震小震不断。地震时产生的地震波可以在地下传播很远。地震波在地下传播时，传播速度与地层深度有一定关系。人们发现，地球内部有两个引起地震波变化的深度。一个在地下33千米处，一个在地下2900千米处。在33千米深处，地震波传播速度突然加速；到地下2900千米深处，地震波速度突然下降。

为什么地震波传播速度会发生变化呢？原来，地震波传播速度的快慢与通过的物质状态有关。如果是在固态物质中传播，速度就慢；

如果在液态物质中传播，速度就快些。据此，科学家判断，在地表33千米以内，一定是固态的物质，就是我们可以看得见的各种各样的岩石，科学家称这一层为"地壳"。由33千米到2900千米，地震波速度与在地壳内的传播速度相比明显加快。科学家推断，这里可能存在着一种近似于液态的岩浆物质，科学家称这一层为"地幔"。当地震波传到地下2900千米以下，一直到地心，地震波再次减慢。于是科学家推测，这一部分可能又变成固态物质，科学家把它称为"地核"。就

类似于地球内部液态岩浆物质运动的模拟图

这样，地球被划分出地壳、地幔、地核三个圈层。

虽然谁也没有亲眼看到地幔和地核到底是什么模样，但是，这种判断是有充分的科学根据的，因此，得到科学界的普遍认可。

人们早就知道，地下温度较高，每往下100米，地温要增加3℃。到15千米以下，温度增加速度变慢；到了6300千米的地心，地温要达到3000℃以上。地下不但温度特别高，而且压力还特别大。有人估计，如果以地面大气压做标准，地心的压力要达到300万个大气压以上。当然，这些数据都是科学家们的推测，不一定那么准确，但是，地下是一个高温高压的环境大概不会有问题。

再一个问题要回答的是，地球内部都是由什么元素组成的。

今天，我们在地球上已经发现了一百零几种元素。实际上，这些元素在地球里并不是平均存在的。有的元素特别多，有的元素特别少。以地壳（地壳研究得比较清楚）为例，氧、硅、铝、铁、钙、钠、钾、镁、氢、钛这10种元素占去了地壳99%以上。其余的八九十种元素只不过占1%以下。在上面提到的10种元素中，氧的含量最多，占地壳总量的近一半。其次是硅，占地壳的1/4。再次是铝，占地壳的1/13。这三种元素占去了地壳总量的80%。

那么，地壳以下都有些什么东西呢？是不是与地壳的元素分配完全相同呢？应该承认，我们对地下的物质组成知之甚少。人们大致可以这样估计：在地幔层，氧和硅的含量会比地壳有所减少，铁与镁的成分有所增加。在地核部分，大概铁与镍有明显增加，所以有人把地核又叫作"铁镍核心"。

所有这些说法都没有得到进一步的证实，只停留在假说阶段。

地球人类的起源之谜

◉ ◉ ◉ ◉ ◉ ◉ ◉ ◉ ◉

人类的祖先是谁？很多对人类历史感兴趣的人，都想知道答案。20世纪90年代中期，美国《发现》杂志列举了现代世界十大科学谜团，人类的起源即是其中之一。

其实，探索人与猿之间的空白的过渡环节也一直是现代人类学家的热门话题，化石研究者与分子生物学家之间关于何时出现人类的争论时起时伏。

古生物学家认为，2000万年以前，我们的祖先就不再属于灵长类动物了。新一代的分子生物学家却认为这种观点是错误的，他们在比较了人和猿身上的蛋白质、血和脱氧核糖核酸的样本后，得出结论，认为不到500万年前才出现真正的人类。前些年，科学家们在中国发现了至今最为完整的腊玛古猿的头

盖骨，这是一种生活在1500万年前的类猿动物，根据以往发掘的零碎化石，许多人曾相信这是人类最早的一个祖先，但是科学家们对这次的新发现作了进一步的研究，认为这更可能是现代猩猩的始祖，从而推翻了早先的结论。

许多古生物学家和遗传学家一致公认，1976年在埃塞俄比亚发掘的370万年前的南猿"露西"是人类的始祖，但"露西"是不是一种畸形的猿类或是人类与猿类交配的后代呢？是人类源于类猿动物，还是现代猿类以人为始祖呢？

以往，人们发掘出欧洲猿人的骸骨，认为他们是现代欧洲人的祖先，其后又发掘出亚洲猿人，也顺理成章地认为现代亚洲人是他们的后代。这种说法在1987年受到来自

加州大学的生化学家们的攻击，已经站不住脚了。

加州大学的这几位生化学家以基因而非骸骨作为立论的根据。他们认为，在非洲，确有两族人居住过，其中猿人一族因种种原因未能延续其后，而另一族向外迁出的，则是人类的祖先。这是由于他们不自相残杀，所以，具备成为人类祖先的条件。

这几位加州生化学家研究线粒体内的DNA线粒体是细胞能源的制造工厂，每个人体细胞都含有它。这种线粒体里的DNA不易混合，并会由一代累积遗传给下一代，研究线粒体的DNA，可以说是追寻人类起源的一个可靠方法。通过考查不同人种妇女的线粒体DNA，发现累积DNA最多的妇女来自非洲。由此可以说，一小部分非洲人口，衍生成为今天各种肤色的人种。

此番论调似乎已为人类祖先是谁的问题找到了答案，不过，华盛顿大学遗传学家坦普尔曼教授则认为，上述理论值得商榷。坦普尔曼教授认为加州生化学家的分析技术尚未完善。

因此，人类的祖先是谁，仍然是个谜。

500万年前的地球出现了真正的人类

地球的水源之谜

◉　◉　◉　◉　◉　◉　◉

浩瀚无垠的海洋似乎是永远也不会干涸的。但是，海水为什么不会干涸？大海里的水为什么总是那么多呢？

据估计，全世界海洋的总水量有13.7亿立方千米。如果把所有的水集中起来做成一个"水球"，这个水球的直径可达1400千米。

茫茫大海中的这么多的水是从哪里来的呢？

一般的说法是，大海中的水归根结底是从它"自身"来的。每年，从海洋的表面有1亿多吨的水蒸发到天空中去，这些水蒸气的绝大部分仍然在大海上空变成云再化为雨，最后又降回大海中，而水蒸气中的一小部分变成雨雪后降落到陆地上，流进江河湖泊，再顺着江河又流回海洋。大海中的水就是这样不断地循环往复，当然就不会有干涸的一天。

那么，大海中的水最初又是怎么有的呢？

许多学者认为，这些水是地球本身固有的，即海洋中的水是与生俱来的。早在地球形成之初，地球水就以蒸气的形式存在于炽热的地心中，或者以结构水、结晶水等形式存在于地下岩石中。

那时，地表的温度较高，大气层中以气体形式存在的水分也较多。后来，随着地表温度逐渐下降，地球上到处是狂风暴雨、电闪雷鸣，呼啸的浊流通过千川万壑汇集到原始的洼地中，形成了最早的江河湖海。地球在最初的5亿年，火山众多且活动频繁，大量的水蒸气及二氧化碳通过火山口喷发出来，冷却之后便渐渐形成河流、湖泊和海洋，即所谓的"初生水"。

可是，随着火山研究的深入，科学家们发现：火山活动所释放的水并非所谓的"初生水"，而是新近溶入地下的雨水，这无疑是对"地球之水与生俱来"理论的挑战。

为了寻求地球水的渊源，人们把目光投向了宇宙。

1961年，科学家托维利提出的假说令人耳目一新：地球上的水是太阳风的杰作。太阳风即太阳刮起的风，但它不是流动的空气，而是一种微粒流或带电质子流。

根据托维利的计算，从地球形成至今，地球已从太阳风中吸收了多达17亿亿吨的氢量，若把这些氢和地球上的氧结合，就可产生153亿亿吨水。这个数字与现今地球上水的总量145亿亿吨十分接近。但是，有人却提出质疑：若光靠太阳供给而自身没有来源的话，地球不可能维持现有的水量。

那么，地球之水究竟来自何方呢？美国依荷华大学的天体物理学家路易斯·弗兰克和由他率领的研究小组独辟蹊径，提出了一个惊人的新理论：地球上的水既不是来自地心，也不是来自太阳风，而是来自外太空的冰彗星雨。

该研究小组提出：不仅是地球上的海洋，而且太阳系其他行星和卫星上的水，都有可能来自迄今为止还未观测到的由冰组成的小彗星。1981年，美国发射了一颗观测地球大气物理现象的"动力学探索者"1号卫星。在分析卫星发回地面的数千张观测资料时，细心的弗兰克发现：在橘黄色的卫星图片背景上总有一些黑色的小斑点，或者说是"洞穴"，弗兰克称之为"大气空洞"。这些"洞穴"的直径一般有十多千米，个别的甚至达四五十千米。它们存在的时间很短暂。每个小黑斑都是突然出现，大约2~3分钟后又消失得无影无踪。

从1981年到1985年，在大约2000小时的观测期里，弗兰克共观测到3万个类似的黑色斑点。这些小黑斑是什么东西？

在对大气中所有数量充足的分子一一作具体的分析研究后，科学家们发现：只有水分子才能吸收频带足够宽的波长而呈现黑色。这使他们确信，卫星照片上的黑斑是由于高层大气中存在着由大量分子聚集而形成的气体水云所造成的。

弗兰克将他们的观测结果同彗星联系起来进行研究后认为，小黑斑现象最合理的解释是许多小彗星不断地把水从高层注入大气。由大量的冰块及少量尘埃微粒混合而成的彗星，在刚接近地球时，是一个直径约为20千米的冰球，然后在地球引力作用下破裂、融化，并被太阳光汽化形成较大的水汽球或是绒毛状的雪，后来化作雨降至地面。其中的一部分则进入大气，形成彗星云团。卫星照片上的小黑斑就是这些彗星云团。

不久，在六百多千米上空，弗兰克又发现了带状发光物，即含水破碎物留下的"尾流"。而这一高度又恰好是此类彗星可能徘徊的地带。这似乎又为弗兰克的观点提供了证据。

这一理论为一些未解之谜提供了解释依据。例如，偶尔有大量的

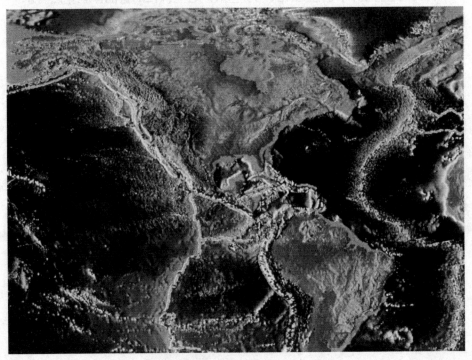

地球上浩瀚无垠的海洋永远不会干涸

小彗星倾泻而下，造成地球气候剧变，从而使恐龙及其他一些物种灭绝。小彗星理论还能解释火星上似乎是水作用形成的河道等等迄今无法解释的问题。

"君不见黄河之水天上来，奔流到海不复回。"这是一千二百多年前，唐代大诗人李白充满幻想色彩的吟诵之作。倘若弗兰克的新理论是正确的，那么诗人所言或许就是事实。并且，从天上来的，又岂止黄河之水呢？

针对弗兰克的小彗星理论，美国科学界引发了一场异常激烈的争论。科学家们虽然没有对卫星图像上的那些黑点或带状物表示异议，却不同意弗兰克作出的这些水将全部降落到地球上的解释。

然而不久后，美国弗吉尼亚技术大学和约翰逊航天中心的科学家们联手打开了一块陨石，结果竟在里面发现了少量的盐水水泡！毋庸置疑，这一发现是对弗兰克彗星理论强有力的支持。

据负责这项研究的科学家米切尔·佐伦斯基介绍，这块陨石是1998年坠落在美国得克萨斯莫纳汉斯的两块陨石中的一块，并在发现后48小时之内被送到约翰逊航天中心，在一个空气已被过滤的净化室里被打开后，科学家们惊奇地发现陨石里布满奇怪的紫色晶体，化验的结果让人震惊：竟然是盐！进一步分析后，结果令科学家们目瞪口呆：这些神秘的盐晶体里竟然有水！

科学家们因而认定：这些水绝不可能来源于地球，其唯一的来源就是产生陨石的天体或者包含盐分冰体的彗星。

地球之水是从天上来吗？对于小彗星是否为地球带来过大量降水这一论断，科学家们正在不断地观察，不断地试验，以破解这一谜团。

地球怎样面对灭顶之灾

◉ ◉ ◉ ◉ ◉ ◉ ◉ ◉ ◉ ◉

1994年7月17日，轰动全球的苏梅克—利维9号彗星与木星相撞，那惊天动地的场面至今让人记忆犹新，木星被撞得遍体鳞伤，每一个彗核撞击所发出的能量都相当于几十万颗氢弹同时爆炸。

"一颗巨大的彗星将于2126年8月21日同地球相撞……将毁灭人类7~9成。国际天文联合会不排除这颗彗星同地球相撞的可能性。"在一次空间会议上，天文学家斯蒂尔高瞻远瞩地说。

相撞又意味着什么呢？

所有曾经用望远镜观察过月球的人都知道，月球表面布满了陨坑，说不定月球本身就是一次大碰撞的产物。在地球的青年时代，一个像火星那么大的天体可能撞击过它，致使地球融化并向轨道中喷溅出大量的碎屑。最后，这些支离破碎的碎屑凝结在一起形成了月球。其实，地球比月球更频繁地挨撞。科学家指出：39亿~46亿年前，地球在形成时就"沐浴"在彗星群下，是彗星给地球带来了碳、氢、氮、氧等关键元素，才使地球上的生命得以出现。

但是，这种相撞也同时意味着毁灭。6500万年前，一个可能比哈雷彗星还要大的天体闯入现在的墨西哥尤卡坦半岛的缘海地区，撞出一个方圆170千米的大洞来。全地球顿时天翻地覆，大大小小的碎片冲天而起。

当这些数不清的"小导弹"开始下落并进入大气层时，只见闪烁的火流星布满天空，烈火烧光了地球的表面。当大火渐渐熄灭之后，接下来的便是地狱般无边的黑暗。与此同时，气温也急剧下降，由于火灾产生了大量的二氧化碳，在严寒持续数月之后，紧接着便是几个世纪的温室效应，许多物种都在这一严酷时期灭绝了。

那次古老的大灾变说明，太空中的高速物体对我们所在的星球有巨大的影响。正因为如此，权威天文学家发布的这一惊人消息经一些报刊转载后，引起了人们的极大惊慌。世界末日真的要到了吗？我们该怎么办？

另外一些科学家则让人们不要恐慌，他们认为：彗星过近日点的时间会有提前或推迟，有的预报位置和亮度偏差较大，不完全正确。以我们熟悉的哈雷彗星为例，它的回归期平均76年，但也有75～78年的提前或推迟的回归期。

斯蒂尔所预报的将与地球相撞的斯塔彗星，是1862年发现的彗星，于1992年首次回归，其周期约130年，与此同时，斯蒂尔预报它下次回归的年份是在2126年，比这次回归提前6年。有些科学家指

人类在研究地球是否面临灭顶之灾

出，仅有一次回归的数据，便作出了百年后与地球相撞的确切日期，按理而论，证据尚且不足。然而，值得提出的是，地球每10分钟便运行一个地球的距离，相碰仅有10分钟的时间。预报到某日(24小时)，仅有6‰的机会相碰。

为了找出彗星与地球不会相撞的确切证据，科学家们做了如下举证：牛顿发现了万有引力定律，奠定了天体力学基础。但是，在天体力学中还有"行星运行的起源"和"行星井然有序的排列"是牛顿所不能解释的，他因此将其推为"神的第一次推动"和"神的安排"。这些难题至今仍没有适当的论述；还有，在浩瀚宇宙中，无数的恒星各据一方，互不侵犯。这又是何力所使？

这虽是千载之谜，人们在偶然中也会得到启发：桌子上有几块N极向的圆柱形磁石，把它们放到一起，它们便会自动离开，出现了各据一方的局面。可见，使恒星互不侵犯的是它们自己磁斥力的作用。据此，也就解释了行星井然有序的排列和各行其道的运行。

科学家们指出：当行星受到太阳引力作用时，必然如彗星一样直线而来。这就是行星运行的起源。当行星被吸引到两者斥力发生作用的0.4天文单位时，便不能再前进，被迫改为圆周运动。这就成了太阳系的第一行星——水星；第二个外来者到达0.7天文单位时与水星的磁力相斥，也改为圆周运动；第3至第8颗行星都有斥力，才互不侵犯，各行其道有规律地运行，据此便能作出准确的运动预报。

这样，太阳系八大行星的磁场已经布满了黄道面。彗星便无路可行，以哈雷彗星为例，行星磁场迫使它由黄道面转为在其上面运行，到达与太阳距0.5左右天文单位时(近日点)便被太阳的磁力挡住不能再接近，它在运行中若多次遇到行星，迫使它多次绕道，便推迟了回归日期，反之则提前。这既是彗星回归期难以预报之处，又是彗星不会与地球及众行星相撞的原因。

值得一提的是：地球还独有第二道防线——大气层。没有磁场的陨石进入大气层时，便会被烧去一部分或爆为小块。几吨重的陨石对地球就无足轻重了。

然而，当彗星与地球相距一定的距离时，两者的磁力便会起作用，彗星便会绕道而行。只要它的方向稍稍一偏，失之毫厘谬以千里的情况便会发生。

一个类似的预报是，美国的

肯顿博士经过精确的计算，认为有99%的可信度，月亮将于1992年分为两半，肯顿博士虽经精确的计算，却可能没把月亮的磁力考虑在内，所以与事实相悖。

月亮没有分裂成两半，彗星和小行星能否与地球相撞也难以预料。

彗星

地球人与宇宙人对话之谜

◉ ◉ ◉ ◉ ◉ ◉ ◉ ◉ ◉ ◉ ◉ ◉

人与人之间需要交流，如果真的有外星人的话，我们又如何去与之交流沟通，成为朋友呢？一定要慎之又慎，不然的话，就会弄巧成拙，变成死敌了。

"地球上的生命，那是遥远的星球用宇宙飞船特地来'播种'的；那是别的星球送来的微小的有机物。"

1974年美国加利福尼亚州的骚克科学研究所诺贝尔奖获得者、科学家法朗西斯·克利克博士和莱斯里·奥开尔博士居然异想天开，提出这样的设想。而且，他们还在这个设想下展开研究，以求证自己假设的正确性。

克利克博士由于发现作为生命基础的DNA构造的功绩，1962年被授予了诺贝尔医学生化奖。他对揭开生命之谜充满兴趣，提出了"宇宙胞子"这一新学说。其实，该学说在1908年就有人提出过。瑞典化学家斯潘第·阿雷尼乌斯曾经发表了他的观点："有生命的细胞是从在宇宙空间漂泊的行星上，掉落下来的。正是这些行星使我们地球上有了生命。"这种观点实在太不科学了，一经发表后，就遭到了学术界的否定。

但是，克利克等两位博士却这么说："我们使用原子飞船的话，不管多么远的星球都能够达到，因此其他发达的星球通过先进的交通设备，完全有可能把生命的细胞送到地球上来。此外，只要把下等的藻和细菌之类的东西，保持在零摄氏度以下，它们就可以存活100万年以上。"

"地球的生命与宇宙中的生命当然是同一个起源。现在已经发现证据啦！"这是英国著名的天文学家弗莱德·郝伊尔(伦敦大学的教授)和他的同事张德拉·威克拉纳辛格教授共同发表的新假说。

他们的根据是：在遥远的宇宙空间的星间物质(宇宙尘)中，发现了与落到地球上的石质陨石一样的石块，在这些陨石中发现其中含有有机物质。

"由于这些宇宙尘的存在，最初的生命之芽，可能就被散布在宇宙之中。"这个学说推翻了历来的定说——"生命来自大海"。不过，关于生命可能来自宇宙的说法，瑞典化学家阿雷尼乌斯早在20世纪初就提倡过，他认为"宇宙胞子"很可能是从其他星球上飘落到地球上来的。郝伊尔的学说，其实也就是阿雷尼乌斯"宇宙播种"说的现代版。

在郝伊尔学说发表后没多久，加拿大天文学者用射电望远镜在牡牛座附近的宇宙尘内，发现了宇宙空间最长的有机物质漂流带。这个发现正好可以为郝伊尔学说提供有利的佐证。

美国和英国的人工卫星不断地受到地球上调X线的干扰，当明白到这一点时，两国的科学家感到震惊。

根据马萨诸塞州理工大学物理教授华尔特·琉因博士的研究，这道奇怪的射线是在1976年10月28日突然发生的。此后便以一种强烈的力量迅速反复地放射出来，到12月31日，它彻底穿透了人造卫星。"NASA发射的人造卫星萨斯3号，在南大西洋巴西和非洲的中部飞巡，突然遭到了地球X射线的袭击，完全穿透了人造卫星，但上面的设备没有受到损害。"

英国伯明翰宇宙研究部部长皮特·威尔莫亚博士也发现，英国尤利亚5号在同一时间通过南太平洋上空时，也遭受到共计有7次的地球X射线的袭击。这样的事情，在以前两年半的卫星观测中一次都没出现过。

"那种足以穿透宇宙飞船的强烈的X射线，以前在地球的上层大气中一次也没发生过。这也许是出于什么自然的原因，但也有可能是有什么别的人造卫星在探察？"威尔莫亚博士迷惑不解。由于核试验的原因也有可能，也有人说，苏联在太空中派遣了专门攻击人造卫星的"太空杀手"，但并没发现它的行迹，基本上是个谣言。那么地球上的X射线究竟从何而来，一切仍然是个谜。

1975年，人类向宇宙人直接发出了载有人类留言的电波信息。以前尽管有过接受宇宙文明的奥兹玛（Ozma）计划，还有把记录了人类与地球位置的图版用火箭发出去的"信"计划等等，但用电波直接向宇宙人呼唤，那可是第一次。

这个计划的提议者，就是当初奥兹玛计划的提倡者，美国国立天文学电离层中心的法兰克·德莱克所长。他对世界上最大的反射望远镜进行了改造，使它除了能够专门接收信息之外，也能够发射信息。为了纪念这个重大的改革，向宇宙人发射信息便成为一项纪念活动。

发送电波信息的目标是M13球状星团，其中带有行星的恒星有30万颗。大概有二分之一的学者认为那个星团中存在着文明。向M13球状星团发射信息的内容是：从1到10的数字，原子番号，地球人的姿态，太阳系等等。

只不过单单发射过去的路程所需时间就得2.1万年！那么来回就得4.2万年。那真是个耗费时间的长计划哟！

美国航空航天局（NASA）开始正式地探究"宇宙人"。但他们不是以UFO为对象，而是着眼于远处的宇宙及其文明。

他们采取的方法是使用1972年发射上天、至今还在空中飞巡的天文观察卫星"克波尼可斯"号。把那颗卫星上的装置，调节到面对特定的星星，然后从那里使用紫外线作为激光，来调查能不能发送信息。如果能够发出的话，怎样来接收信息的计划也在酝酿中，美国和苏联做过这方面的研究。

计划中心的哈巴特·威斯可尼亚说，"与电波不同，激光是高科技的产物，谁都明白，像宇宙人那样头脑聪明的人，一定会使用激光的"。

1975年，他们选择了距离最近

的花11光年就能够到达的波江星座为对象，据说在波江星座上可能有生命体的存在。

"现在没有成果，单单调查一下，就得花上100年。"对于宇宙的研究，到底是个最耗费时间的事情啊！

"回绕地球的宇宙人卫星在活动的证据，被发现了！"1973年英国年轻天文学家邓肯·卢南发表了他的研究结论，引起了学术界的轩然大波。

根据他的研究，19世纪20～30年代在挪威、荷兰和法国等地实行变调电波发射实验的时候，在记录来自电离层的正常的反响(Echo)七分之一秒之外，还收到了其他的反响，那奇怪的反响有从3秒到15秒不等的间歇，这些情况全部被记录了下来。

卢南把这些记录下的反响间歇解释为，它是来自宇宙卫星的一种具有知性内容的暗号。因为在制作了6张点图以后发现，它同天上的北斗星座和星的排列位置，完全一致。

进一步研究的结果，还表明这个宇宙卫星跟月亮在同一个轨道上运行；这个先进的文明星也绕着太阳运行。这个奇怪的卫星从几千年前开始，就一直围绕着地球，不断地发出信息，并且期待着人类的反响。我们人类应该怎样努力对它发出信号呢？

种种谜团接踵而来，我们何时才能与宇宙人自由对话呢？相信随着科学技术的发展，许多未解之谜都会迎刃而解。

地球会被淹没吗

◉ ◉ ◉ ◉ ◉ ◉ ◉

在著名的中国古代文献《淮南子》中，记述过古代的一个重要天文现象："天倾西北，故日月星辰移焉""地不满东南，故水潦尘埃归焉"。它告诉我们，我们所在的地球在历史上一度经历了一个重大的变故。事后幸存下来的地球人发现，夜晚许多星辰同平时正常情况相比较，向西北方向发生了移位，感觉就像天空朝西北方向倒下去一样；而在相反的东南方向的地平线上也出现了许多平常见不到的新星，就如同是东南方的大地陷下去了一般。

拨开语言的历史隔膜，我们能够感觉到这是典型的地轴由西北向东南方向偏移的现象。有专家认为那是一颗行星与地球擦肩而过或是地球在捕捉月球的过程中所产生

的巨大作用力，使地球上的海水涌向陆地造成的动荡。因为即使一颗直径是月亮的1/5的小行星，从地球37000千米的地方通过，地球也会发生比普通涨潮大10倍的汹涌波涛，海水会以排山倒海之势席卷大陆，吞没广大平原和低洼地区，于是曾经草木繁盛、生活着各种动物的广大地区，就变成了冰和水的世界。在地球旋转轴发生移位时，地球运动的巨大力量，也引发了地壳的一些异动，导致地震、火山活动十分频繁。

世界各地原始民族的许多传说也从另一方面证实了这一点，如传说中古时候支撑天地的天柱突然倒塌了，大地的基础在颤动，天开始向西北倾倒，星辰都改变了各自的轨道，还有西方关于大西洲的沉

没，中国传说中东海的五座仙山沉了两座等等。

相似的记述也在《旧约·创世纪》第七章中出现了。《旧约》中有这样一段耳熟能详的文字：有一天"大渊的源泉都裂开了，天上的窗户也敞开了，连续40昼夜大雨降在地上……水势浩大，天上的高山都淹没了，地上的生灵都死尽"。只有诺亚，因为事先得到耶和华的指点，造了方舟，得以生存。诺亚方舟所载的畜类、飞鸽就成了地球上的再造"父母"。

在已有5000年历史的《古尔伽美什史诗》中，以及夏威夷人和中国人的传统故事中，这些故事内容都非常相似。因此，专家们认为，它们描述的是同一次洪水，而这次洪水在公元前5000年以前的某个时间曾淹没了整个世界。有些传说讲述到猛烈的暴风雨，被困在山峰上的船舶、被卷入大海的城市以及逃到高山洞穴求生的人们。我们永远不会知道这场大洪水的任何细节，但看来好像是发生过一次巨大的自然灾难，或许是几次。古代人对灾难的记忆保存在他们的传说中，一直流传至今，成为今天我们文化和文学的组成部分。科学家们经过考证发现，在地球史、人类史上，确实曾发生过全球性的洪水灾难。汹涌的洪水曾经猖狂地将大陆淹没，致使桑田沦为沧海。随着斗转星移，海水逐渐退去，沧海又复变为桑田。

想象着那种天翻地覆的沧桑之变，人们不禁有些惧怕。于是，人们不禁会问：这种毁灭性的洪灾、海浸还会侵袭人类吗？

据最新的卫星图片显示，位于印度洋北部的马尔代夫共和国，有一个数平方千米的小岛悄然消失。对于由1196个岛屿组成、平均海拔仅1.2米的岛国来说，小岛的消失或许是一种不祥的预兆。

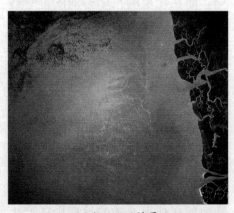
洪水泛滥的情景

科学家们立即想到，它可能与海平面上升有关，而海平面上升便意味着这个岛国将受到严重威胁。

与此同时，科学家们也吃惊地发现：肥沃的尼罗河三角洲也在持续下沉。作为埃及的精粹之地，它的下沉立即惊动了埃及政府。经过实地考察，专家们一致认为尼罗河三角洲的下沉是由多种因素造成的。但有一条重要原因就是与世界性的洋面上升有关。

另一条消息似乎更让我们担忧：据中国科学院考证，中国大陆上的长江三角洲和珠江三角洲也正在不断下沉。预计在未来的50年内，珠江三角洲濒临的南海海平面将上升50～70厘米，长江三角洲所濒临的东海海平面也将上升50～70厘米。这就是说，海平面上升的威胁已经悄悄向人类逼近。

在1989年11月21日召开的拉美和加勒比气象及水文经济效益技术大会上，世界气象组织秘书长戈德温·奥巴西指出："据世界各地170个气象站关于地球大气污染的报告，目前大气中二氧化碳的含量比1880年提高了50%。"他估计，到2020年，地球气温将比现在升高4℃，倘若这个估计是正确的，那么，到2050年，世界洋面将上升40～140厘米。

假如世界洋面上升1米，将会出现什么情景呢？

科学家告诉我们，到那时，不仅一些珊瑚岛国会遭受灭顶之灾，沿海一带地势平坦的三角洲与河口三角洲也会被海水吞没。诸如马绍尔群岛共和国、图瓦卢、瑙鲁共和国等岛国的公民将无立足之地，不得不背井离乡。埃及12%～15%的耕地、孟加拉国17%的耕地将变成海滩。印度尼西亚、越南要完成大规模的居民迁移与安置工作。美国的陆地面积将减少2万平方千米，损失约6500亿美元。

这些消息听起来似乎有些骇人听闻，倘若地球上洪水再次泛滥，那么，我们怎么办？目前人类还不能搬到别的星球上去，难道我们就坐以待毙吗？

其实，我们或许不必过于杞人忧天。人类必将掌握着一种强大的武器，用来捍卫自己生存的权力。

人类永恒的恐惧

◉ ◉ ◉ ◉ ◉ ◉ ◉

1976年，中国唐山，蓝光闪过，城市顷刻化作废墟，数十万生灵命丧一瞬。继中国唐山大地震后，1985年墨西哥、1988年亚美尼亚、1995年日本神户、1997年伊朗东北、1999年的土耳其和中国台湾、2008年的中国四川汶川又发生多起大地震。每次大地震都使成千上万甚至几十万人顷刻之间命丧九泉，城市瘫痪，经济损失无可估量。尤其是1995年，在地震预报科学最先进的日本，神户大地震竟创下了损失最惨重的纪录：40万人死的死，伤的伤，1400亿美元化为灰烬。2008年5月12日，中国四川汶川大地震，更是给中国人留下了刻骨铭心的记忆。人们谈地震色变。其实，地震对人类来说，并不陌生。可以说人类天天生活在地震

中。因为地球平均每分钟就有10次左右的大小地震，一年会地震500万次。当然其中大多是微震而已，或者不是发生在居住区，威胁人类生命的大地震并不多见。但是为什么一次大地震损失会这么惨重？因为没有事前警报，人们无法预防。在科学技术、人类文明高度发达的今天，人类面对这种恐怖的自然灾害难道就无计可施？人类能准确预报地震吗？

有的科学家比较乐观，认为地震是能够预报的。他们的理论依据是国内外有过许多成功的例子，如1975年中国成功预报了辽宁海城7.3级地震，大大减少了地震造成的损失，这一成就已载入史册。1997年4月6日、11日、16日，新疆伽师县连续发生6级以上地震，

中国地震系统事前也发出了比较准确的短期临震预报。但对此持反对意见的科学家则立即质问：若说地震能预报，为什么1976年唐山大地震，1995年神户大地震、1997年的伊朗大地震都没有短期临震预报呢？看来这个问题仅用"能"与"不能"来回答是说不清楚的，倒是另有一些科学家比较现实，既不说"地震一定能够预报"，也不同意"地震无法预测"。英国科学家在神户大地震之后评论道：人类的"地震研究仍处于非常低级的阶段"。低级阶段还不够，还要加上"非常"二字，可见人类对地震认识之肤浅。中国地震专家指出："现阶段地震预报的水平是很低的，短期临震预报准确率仅10%～20%。"瑞士地震专家进一步指出，即使是对一个较长时期作地震预报，其准确率也不会超过两成。一二成的把握，水平确实是低了点，但不是"不能"，当然也不是"能"。

在可不可能准确预报地震的问题上，科学界的分歧如此明显，其原因在于科学家们对于"依据什么来预报地震"意见不一。一部分科学家认为地震预报与以前的天气预报有很多相似之处，即靠经验来作预报。这些经验主要是对以往地震前兆的积累。诸如强震之前地（表）应力的变化，大气中的次声波，大地的震颤，动物的异常表现等等。他们相信，大地震发生前总会出现这样那样的前兆，正确、及时地观察、识别这些异常现象，可以作出地震来临的预报。

另有科学家，比如美国的罗伯特·盖勒等人则指出，对于利用地震的前兆进行预报，这方面仍然缺乏系统的研究，尚不能提供充分证据说明这些前兆不是来自地震之外

让城市化作废墟的地震是人类永恒的恐惧

的其他原因。许多地震发生前确实有大地震颤，相当大的地面变形，井水水位的变化，二氧化碳等气体的不正常排放等。但没有地震时也会发生这些现象，何况大地震前又从未同时出现过这些现象，所以传统的经验性预报准确性差。

既然科学家对传统的经验性预报争论不休，那么，人类能不能抛弃传统的预报方法，改进地震预报的手段呢？同样是依赖经验性预报的天气预报，由于气象卫星、大型计算机的装备而"鸟枪换炮"，天气预报现在越来越准了，地震预报能不能像天气预报那样也搞一张"云图"，使地震动态也一目了然呢？专家们认为难就难在这里。因为地震专家所需要的"云图"是地下应力场分布图，而要测定这个应力分布，就必须"深"入地下才行，但目前全世界设有地下地震观测网的只有日本东京一家。而且在东京也仅有3个深3000米的地下探测器。1996年5月1日，日本决定专门打一口1万米深的井来监测下一次关东大地震发生的地点及其机制。这口井将耗资1000亿日元，花费4年才能完工，它离地震学家想要了解地下2万米、3万米的地质运动情况的愿望显然还有很大距离，不过这已经是人类的巨大努力了。看来，科学家想靠"地下探测法"来预报地震还需要耐心地等待。

在地震学家一筹莫展的时候，天文学家却打破了地震预报的沉默，在寻找地震的外因方面开辟了新思路。他们指出，太阳有可能是诱发地球地震的祸首。比如，当太阳发生耀斑时，温度会达到2000万度，爆发能量相当于百万吨级的氢弹。这些大量的辐射能冲击地球，使地球发生板块的错动、断裂或滑移，发生地震。这一发现无疑表明，地震预报可以另辟蹊径，通过天文观测也可以预报地震。与人们对地球表面以下地质运动的了解相比，目前人类对大气层、对近地空间甚而对宇宙空间的了解则要深刻、丰富得多，天文学家能不能预报地震？人们将拭目以待。不过，无论怎样，在"地震可不可以预报"的问题上，人们要想在短期内从科学家那里得到一个基本一致的回答，是很难的。

月球起源之谜

● ● ● ● ● ●

关于月球究竟来自何方？它到底是怎样形成的？一直作为一个谜留在人们心间。因和其他卫星相比，月球有好多奇异之处，让人难以理解。

分裂说。月球起源是个还没有解决的问题，存在好些假说。其中的一类被称为"分裂说"，认为月球是从地球分裂出去的。据称，在地球历史的早期，地球还处在熔融状态，自转得特别快，每4个小时左右就自转一周。地球赤道部分的物质逐渐隆起，由小而大，越来越大，也越来越高，最后终于脱离地球而被抛了开去，成为独立于地球之外的物质团，此物质团后来逐步冷却并凝聚成为月球。有人甚至认为，月球从地球分裂出去时在地球上留下的"伤疤"，就是现在的太平洋。

这确实是个很巧妙的构思，很引人入胜，可是它遇到了一些难以解释的困惑：没有任何证据表明地球自转曾经达到过那么"疯狂"的程度。

从地球赤道被抛射出去的物质，由它凝聚成的月球，其绕地球运行的轨道应该是基本上在地球的赤道平面内，相差不会很大；现在的实际情况则是，月球绕地球运动的轨道与地球赤道之间相差颇大。

月球如果真的是从地球分裂出去的话，它的化学成分、密度等都应该与地球一致或差不多，可是事实却不是这样。譬如说，月球上的铝、钙等化学元素比地球上多得多，而镁、铁等则要少得多；地球的平均密度为5.52克/立方厘米，

月球的平均密度却只有3.34克/立方厘米。

俘获说。"俘获说"是关于月球起源的另一种假说。这种假说的大意是这样的：月球原来的"身份"可能是环绕太阳运行的小行星，由于某种我们还不清楚的原因，它仍然接近地球，地球的引力"强迫"它脱离原来的轨道并把它俘获，成为自己的卫星。有人还提出这样的概念：这次俘获的宇宙事件，大致发生在离现在35亿年之前，俘获事件也不是一朝一夕就完成的，全过程经历了约5亿年。这样的话，月球的化学成分与地球的不同，密度有差异，它的公转轨道与地球的赤道平面不一致，这些就都没有什么问题了。

不过，"俘获说"也有难以自圆其说之处。科学家们指出：一个天体俘获另外一个天体的可能性是有的，只是这种机会实在是太少太少了。即使发生这种情况，那也应该是一个很大的天体俘获了一个小得多的天体。地球的质量是月球的81倍，想要俘获像月球那么大的一个天体，那是远远不够的。说得明白一点，地球是不可能把月球那么大的一颗小行星俘获来作为自己的卫星的，至多也只能改变一下那颗小行星的轨道罢了。

同源说。这里说的"同源"，指的是月球和地球是从同一块原始太阳星云演变而形成的，这是关于月球起源的又一种假说。那么，如何解释月球与地球在物质成分、密度等方面的差异呢？

主张"同源说"的人认为：形成月球和地球的物质虽是在同一个星云中，但两者形成的时间不同，地球在先，月球在后。原始太阳星云演化和发展到一定阶段时，由于尘埃云里面的金属粒子等物质已开始凝集和部分地集中，在地球和其他行星形成时，很自然地吸积了相当数量的铁和其他金属成分，并以此作为其核心的主要物质。月球的情况则与地球不同，那时，原始太阳星云中的金属成分已大为减少，它只能吸取残余在地球周围的少量金属物质，因而主要是由非金属物质凝聚而形成的。在这种情况下，月球物质密度还不到地球的2/3，那是理所当然的。

"同源说"与"分裂说""俘获说"一样,都能在一定程度上或多或少地解释月球的成分、密度、结构、轨道等基本事实,但都存在着一些需要认真予以解决的难题。

第四种假说是宇宙飞船说。这是由苏联两位科学家瓦西里和谢尔巴科夫于1957年提出来的。该学说的提出远早于首次阿波罗载人登月。他们认为,月球是宇宙中彼岸某角落中的一颗小天体,被外星人改造后,操纵着它来到地球身边,利用地球的引力再加上月球的人为原动力而固定在现有的轨道上。但为什么外星人将月球进行改造后,再送到地球身旁,有什么目的?苏联两位科学家并未详说。后来的UFO研究者认为,原来外星人将月球弄到地球身边来是控制地球不变轨,以保证太阳系的相对稳定。

月球的各种奇异特性,奇特的天文参数,空心,坚硬的外壳,月海金属,古老岩山等等,后来"阿波罗"载人登月探得的各种结果,都是否定前三种假说而有利于第四种假说。尽管第四种假说初听起来

有点像天方夜谭。然而,科学和认识是无穷尽的,宇宙奥妙也是高深莫测的,不能因我们眼光的狭窄和认识上的肤浅、无知,就将科学真理视为迷信或邪说。地心说和日心说的经历不是最有力地说明了此问题吗!月球,确实是一个神秘的世界,它上面的UFO现象,奇特的表现,确实给科学家们出了一道难解的谜题。难怪著名法国作家维克多·雨果曾用这样的语言描绘月球——"月球是梦的王国,幻想的王国"。

关于月球起源的假说至少有好几十种。尽管如此,科学家们仍然希望有更能说明问题的新假说提出来,因为像月球起源那样复杂的问题,牵涉到许多学科和很多方面,而新的假说可以作为我们研究问题的新的出发点,往往会带给我们新的启示和新的线索,使我们对问题的认识更加深入、更加全面。

有关月球起源的一种新假说的主要观点是这样的:

月球原是环绕太阳运行的一颗小行星,一次偶然的机会使它不仅走向地球,而且与地球相撞。被

撞"飞"的地球物质脱离地球，最后凝聚成为月球。在这次史无前例的猛烈撞击之前，组成地球的大部分铁和重元素，早已经沉落到地层的深处乃至核心，因此那些被撞"飞"的物质，主要是比较轻的元素。对地球来说，这次撞击带来的是地球的赤道被一下子撞"弯"了，而那些被撞出来的物质却仍然在原先的位置上。这就能解释为什么月球不是在地球赤道平面内绕地球转的缘故。

要解决月球究竟是从哪里来的这么一个很重要的问题，看来还需要做大量的探讨和研究工作，不大可能在比较短的时期内获得比较彻底的解决。

在人类发射无人探测器前往月球之前很久，也就是几十年甚至几百年前，即人类仅凭望远镜来研究月球的时代，有作为的月球观测家们就曾亲眼见到月球出现的奇妙物体。如1843年，一个叫约翰·西洛塔尔的人曾观测到一个与一座直径达7英里的环形山有关的令人极难理解的事实。他把这座环形山称为"林奈"。这位德国天文学家在几十年间画了数百张月面地图，有一天他忽然发现林奈环形山正在逐渐消失。过了几年，它成了一个被浅浅的白色堆积物包围的小点。西洛塔尔认为月球上存在智慧生物，林奈环形山之谜是这些月球居民的活动造成的。

月球留下的谜团

◉ ◉ ◉ ◉ ◉ ◉ ◉

1871年，英国的天文学家毕尔特为人类留下了月球探测结果报告。至今这资料仍保存在皇家天文学会堂内。报告中谈到许多观测，其中有些至今仍是个谜。比如毕尔特在月球的高原火山口处观测到规则的几何图形移动体及不明光信号。

一百多年已经过去了。1968年美国航空航天局公布了月亮上的异常细节，包括4个世纪的观测结果。这里拥有不少至今未解的疑团，诸如：移动的发光物体、能消失的火山口、以每小时4英里的速度加长的彩色深沟、时隐时现的某种"墙"、变换颜色的巨大圆顶，1956年11月26日还观测到庞大的闪光物体，称为"马尔泰十字架"等等。

1963年，美国亚里桑纳州的福莱克斯塔夫天文台观察到在月球上有巨大发光移动的物体，长3英里，宽0.2英里。这种物体总共有31个，它们按严格的几何图形移动。它们之间还有小一些的移动物体。其直径也有约500英尺。

也是在20世纪60年代初，知名的天文学家卡尔·萨根宣布，他用专门的仪器观测到在月球表面之下有巨大的适于生物生存的洞穴，其中最大的洞穴估计有22立方英里。

1954年，美国《纽约先驱论坛报》科学部编辑宣布了一个令人震惊的消息：称他在月面的危海发现了一座巨大的桥形建筑物，全长近13英里，这一发现得到很多天文学家的确认。

他曾经多次认真观察过月面的危海，对那里的情况了如指掌，但过去那里并不存在这座桥，这是事实。这座桥很有可能是来自其他行星的"人神"在近年内建造的，且多次强调它"似乎是人工所成"。此外，这种智慧生物还陆续建造了四角或三角形的壁状物，甚至还建造了圆顶状建筑物，在这里出现又在那里消失。这难道不是来自其他行星智慧生物的特意所为吗？

在若干份与月球有关的报道中，以日本明治大学的托耀塔（音译）博士的发现最为奇妙。这份报告刊登在《每日新闻》上。据称，1958年9月29日，托博士在月面上发现了一些呈黑色的字母，它们构成了两个单词：PYAX与JWA。遗憾的是，直到今天这两个单词的含义也没被搞清楚。威尔金斯博士则认为，这是"长时间观测月球的人容易产生错觉"的一例。他得出结论说："直到人类降临月球之前，月球始终都是另一个世界，一切谜团都仍旧是谜团。"

1966年2月4日，苏联"月球9号"探测器在月面的风暴洋着陆。所谓"风暴洋"是月球始终朝向地球的一面上由灰暗的熔岩构成的圆形月海的一部分。在风暴洋拍摄到的照片显示出极像塔形的物体，它们整齐地排成一列。

苏联天文学家伊万·桑达森博士分析了这些照片后说："这些类似机场跑道标志塔的物体等距离排列，似乎呈两条直线。""这些塔状物与地球上的金字塔也许是同一渊源。从事宇宙旅行的是来自其他星球的客人，可能是为了后来者提供目标方位才建造了这些塔状物。从这个意义上说，塔状物起着'向导'的作用。"不过他说不清外星人在月球上建立金字塔的缘由，建造一座金字塔是不容易的，而在月球上建造金字塔又没有什么意义。但是，金字塔对地外生命来说，也许是有意义的吧！一位科学家推测，这些金字塔也许是引导宇宙飞船起飞和降落的"跑道"；或者不仅是将外星人的飞船引向月面，而且是引向月球内部的标志。

令人感到不可思议的是：在风暴洋的另一边，的确有一个被认为是通向月球内部的洞穴，它很有可能是进入月球内部的入口。威尔金斯博士认为，在这个入口内部还应开有其他几个洞穴，以便与月球表面的其他几个洞口相连。他本人曾发现一个名为"卡西尼A"的环形山内部的大坑穴。这个环形山直径1.5英里，是一个较大的环形山，深入月球内部约660英尺，换句话说，相当于两个足球场长度之和。在《我们的月球》一书中，他这样写道："在这个环形山内侧中间有一个直径约660英尺的洞穴，内壁像玻璃一样光滑。"

在苏联人发现"塔状物"的同年，即1966年11月20日，美国"月球轨道环行器1号"在执行月球探测任务时，也发现了月面"塔状物"。根据该环行器的观测，美国人称之为"金字塔"。发现的地点就在人类在月面首次留下脚印的"静海"。环行器是在离月面29英里的高度对月面进行拍摄时发现的。拍摄的照片显示，那些金字塔有些像埃及的金字塔。科学家们分析这些照片后得出结论：这些金字塔的高度约在40~75英尺。而苏联科学家对此高度的估计要大得多，比美国科学家估计的要高出3倍，即至少125英尺以上，相当于地球上一幢15层左右的大厦。地质学家

法尔克·埃尔·巴斯博士则证实说，这些金字塔与地球上任何建筑物相比都要高出许多。

比月面金字塔本身更值得关注的是它们相互所处的位置。美国波音飞机公司科学研究所的生物工程学博士威廉·布莱亚认为，这些金字塔完全按照几何学的原理进行排列。

1967年2月26日，美国《洛杉矶时报》刊登了布莱亚博士运用几何学原理进行分析并显示这些金字塔的位置关系。他是根据"月球轨道环行器2号"拍摄的照片拟出这张图稿的。对草图上金字塔的位置，布莱亚博士确信无疑，他写道："这7座金字塔绝不是漫不经心之作。"《洛杉矶时报》刊出的这份图稿中，3个顶点和2条底边构成了6个等腰三角形。显然，这样的位置构成不可能是自然形成的。更有说服力的根据是，这些金字塔的西边正好有一块长方形洼地。布莱亚博士进一步推测说：仔细观察这些金字塔的阴影部分后可知，那里构成了4个直角，很像是建有建筑物的基地。

苏联空间工程学家亚历山大·阿布拉莫夫也研究过"月球轨道环行器2号"所发回的照片，他认为这些金字塔的排列方式总在发生很显著的变化。他计算出这些金字塔的建造角度，运用几何学的原理进行了详细的分析，其结果令人震惊：这些金字塔与人们所熟知的"埃及金字塔三角"的排列方式完全一样，在阿布拉莫夫看来，月面上被确信为人工所为的建筑物，竟然与地球上考古学家和历史学家所熟悉的埃及金字塔的构成方式完全相同。这很难用"偶然"一词加以解释了。

美国史密森·尼安航空宇宙博物馆馆长法尔克·埃尔·巴斯先生经过长期的观察和分析，进一步从这些建筑物的图形上作出了推断，他说："这些金字塔的颜色要比它们周围月面的颜色明快得多，显然，它们是由其他物质构成的，而不像是月面上的物质。"

在美国"阿波罗—12号"登月时宇航员们注意到跟随他们奔向月球的是火箭"土星"的最后一级，是它把他们推至轨道上的(当时他们是这样想的)。后来休斯敦发出校正指令，使宇宙飞船能调整方向对准月球飞行，"最后一级火箭"也同时调转方向。宇航员在值班日记中写道："至今我们还弄不懂，跟在后面的到底是我们的朋友，还是敌人。不明飞行物在飞船旁边擦过，热浪、光亮冲击了飞船，但飞船仍继续飞行。"

美国人拟定"阿波罗—13号"的飞行任务是在月球表面引爆"原子地雷"装置，目的是造成小小的月震，就此获取月球结构的资料。实验已准备就绪，飞船与休斯敦之间热线联系不断。就在此时，飞船上发生了爆炸，氧气罐爆裂开来。虽未导致任何人的伤亡，可是准备好的实验破产了。UFO当时就在飞船旁边。专题学术专家评论说，看样子外星众神预测到月球被我们的核装置毁坏对他们是不利的。曾经在月球背面低空飞过的宇航员塞尔南说，他们像是"蜜蜂在蜂房里"一样。

这些现象孰真孰假，也许只有我们直接深入到月亮之中，谜底才会破解。

月球发生过月震吗

◎ ◎ ◎ ◎ ◎ ◎ ◎ ◎ ◎

在人类到达月球之前，科学家们认为"月球是一个死寂的世界"，但是自从"阿波罗"飞船宇航员降落月面，并在月面设置了几台地震仪后他们才知道，月球是一个极其"活跃"的世界，月震发生在我们无法想象的月球深处，震源在月面下500～1000英里处，这里离月球外壳已相当远了。

设在月面上的地震仪曾多次记录到月震，科学家们把多数月震称为"微型月震"。根据月震记录，月球的活动和振动不仅多次反复发生，而且有时强度还相当可观。莱萨姆博士解释说："当发生这种乱哄哄的微弱震动时，有时2小时发生一次，有时几天后才能平息下来。目前还不知道这种'成群'震动的震源在哪里。"

设在月面的地震仪还记录到1～9分钟内传来的高频振动，科学家们感到十分困惑，他们推测只能是月面的某一区域正发生移动，可是这种高频振动发生了多次且持续不断，科学家们的推测似乎并不对。直到今天，这种微震仍在发生，可以认为是一种自然现象。莱萨姆博士后来发现在这种振动中有一种独特的类型，它们发生在月球最接近地球的时候。他认为这是由于这时地球作用于月球引力增强，使月壳产生振动。

有意思的是，微型月震多发生在月面的裂隙上。所谓裂隙就是月面上绵延几百英里的窄而深的沟。不过有的科学家认为月面上并不存在什么裂隙。

莱姆博士指出，微型月震和

月壳的振动现象与月球内部的热能并无直接关联，与其说是月面火山活动不如说是月壳的变动。这些微震中的较大者也在里氏震级二级以上，而且震源深度不到0.5英里。

对月球进行的种种其他研究也表明，在月球的岩石和土壤下存在着一个金属层。在美国航空航天局有关研究机构召开的第四届月球科学研讨会的专门报告中提到，美国圣克拉拉大学物理学博士卡契斯·帕金与美国航空航天局艾姆斯研究中心的帕尔马·代亚尔和威廉·迪利将"阿波罗"12号和15号设在月面的磁强计数据与"探险者"35号获得的数据综合起来绘制

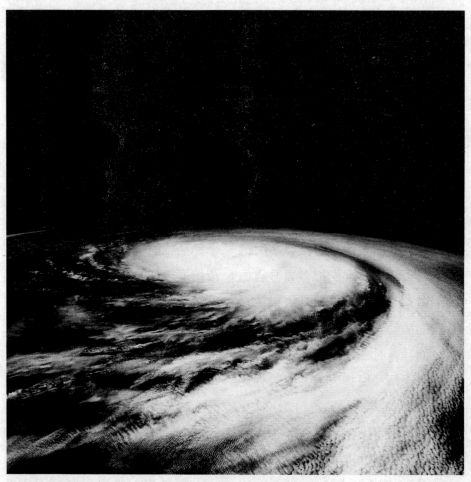

月球上发生的微型月震

了整个月球的磁带曲线。他们在一家专业杂志上撰文说："根据磁强计的测定，月球上有大量的铁。月球岩石并不是由非磁性物质构成的，而是由铁等强磁性物质构成的。这是一种游离态的铁。"这一研究结果具有不可忽视的意义。他们说，与他们测量到的数值相一致的具有高导磁性的矿物，有一定强磁性的矿物及其化合物都未能发现，由此可以推测，相当于整个月球导磁性的游离态金属铁一类物质，以强磁性状态存在于月球内壳，而且含量可观。根据其他资料研究所获得的结果与此相似。也就是说，紧挨着覆盖着月面的岩石的月面土壤有一个壳层，在这一壳层中存在着为数极大的金属矿物。在权威的国际月球研究杂志《月球》上，1971年里曾刊载了三份研究报告，这几份研究报告都谈到月球内部的金属层，因而受到广泛关注。

在月球提供给我们的"暗示"中，有许多不曾被科学家们忽略的东西。月球不均衡的外观给地球上善动脑筋的科学家们这样的印象——月球内部似乎存在某种"强有力"的东西。在通过出访月球使我们了解许多事实之前，地球上的科学家曾预测月球上既有"压扁"之处也有"膨胀"部位。但是比科学家们估计的月球"膨胀"程度大17倍。更加不可思议的是(当然科学家们现在还没弄明白)月球为什么能够维持住那么大的"膨胀"。苏联科学家认为，月球内部奇怪而神秘的力来自坚固的金属质月球内壳。

到了科学家们寄予厚望的月球探测计划正式实施之后，事实仍使他们吃惊，他们已经知道月球上存在"膨胀"，但是找不到"膨胀"部位在哪里。一位科学家扫兴地说："地球之外的什么人似乎显得对月球十分关心。"

月球表面之谜

站在地球上看月球，我们看到的是一个温柔、洁白的世界。然而，宇航员踏上月球后，看到的不是温柔的洁白世界，映入他们眼帘的，是那些奇妙的月面岩石。月面岩石能够给我们带来诸如月球的年龄，月球的成因等这些信息，通过对月面岩石的分析，我们可以破译困扰我们的诸多谜团。

然而，这是理论上的推导。事实上，宇航员从月球带回的岩石，为我们提供的完全是一些让人感到不可思议的物质。我们对月球的疑问非但没有通过岩石的研究而得到消解，反而使疑问增多了。美国加利福尼亚州科学技术协会的尤金·西迈卡博士是美国航空航天局与"阿波罗计划"有关的地质学问题首席发言人，他无可奈何地承认："（通过分析月面岩石）新增加的疑问比能回答的疑问多出几十倍。"

通过对月面岩石的成分进行分析表明，月面岩石主要是由地球科学家和宇航材料研究家们梦寐以求的航天金属构成的。主要成分由钛、铬、锆等耐高温、高强度，并具有极高防蚀性的金属构成。这些材料都是地球科学家建造宇宙飞船的首选。两位苏联科学家瓦欣和谢尔巴科夫在分析月岩成分后宣布："构成月面岩石成分的金属具有惊人的耐高温抗冲击性，在地球上可以用这种岩石作为电炉的炉衬。"当然，人类绝不会将这837磅月岩标本制成电炉炉衬出售，如果是那样的话，也许只有比尔·盖茨才买得起。

"阿波罗"飞船宇航员最初从月球上带回的是月面静海的岩石标本。对这些岩石进行过分析的科学家们感到困惑。从静海采集的岩石标本经分析后被确信，它们由熔岩凝固而成，由高强度的耐高温的钛类成分组成。而熔解这些金属合金岩石必须要超高温——至少需要摄氏4000度以上的高温，否则无法奏效。对于如何才能使月面达到如此高的温度，科学家们始终难以置信，拿不出适当的解释。

不仅如此，岩石成分分析表明，月球岩石标本(只是随意取回的几块)所含钛金属的量是地球上最优质钛矿岩石含量的10倍，而且，它们不仅含钛，还含有大量的同样的耐高温、耐腐蚀、对地球人来说非常稀有的金属——锆、钇、铍等，而这些金属是人类已知的强度最高、最耐高温的金属。尽管这令人难以置信，但这的确是月面岩石标本带回的信息。美国《科学》杂志于1969年8月也即在"阿波罗"计划首次载人登月成功，并带回月球岩石标本后不久，就宣布了这个发现，该期载文说："在月球岩石中

钛、锆等金属的含量极丰，地球岩石是望尘莫及的，说它在宇宙中首屈一指恐怕也不过分。"

怎么解决"达到过极高的温度(以便使岩石熔化)"与"月球是个小小的冰冷世界"这对矛盾呢？月岩中的金属赋予了科学家们这个神圣的使命。而对尤里博士来说，使之坐立不安的是新的资料的不断发现。在实施"阿波罗计划"之前，尤里曾经宣称，他能通过月球证明不可能喷发出火山性熔岩，因为月球的"个头"太小了，不足以产生如此高的温度。另一位久负盛名的、在科学分析领域里很有创见的地球物理学家罗斯·迪勒博士也持有同样的观点。他分析说：谁能想象出，将钛加热到如此高温使其熔化，并覆盖大小像得克萨斯州这么大的月海？而且谁能推测出月球曾经比地球的温度还高？

有些科学家认为是月球火山的自然活动造成了异乎寻常的高温。而另一些科学家认为，来自宇宙空间的巨型陨石，小行星或彗星经过对月面连续不断的撞击造成了极高的温度。英国曼彻斯特大学天文学

系的斯德纳克·柯帕尔就是持这种看法的科学家之一。

然而，"撞击熔化"的看法存在着严重的缺陷。问题之一就是，真的发生过波及月面1/3的巨大撞击吗？如果发生过这类撞击事件，那么为什么月海背面没有受到撞击呢？我们知道，90%以上的月海都集中于月面，而月背只占到不足10%的月海。同时，由于月面正对着地球——首先必须经过地球的引力场，而地球的引力场要强于月球的6倍，而地球的直径又超过月球直径的4倍，这意味着，月面是得到地球非常强大的保护的。美国宇航局天体力学实验室通过计算机模拟实验分析得出结论：月背被天体撞击的概率要大于月面10万倍以上，但事实上，月面月海占月球的90%以上。这种因果倒置悬殊的解释显然不能令人信服。另外，如果在产生高温的过程中含有放射性能量的话，那么在月球背面覆盖着更厚月壳的区域，在大量熔岩流出时其中应含有当时产生的放射性元素，然而，令人失望的是(当然是令"撞击熔化"的看法持有者)，在月

球背面并没有发现任何放射性元素的踪迹。

月球权威的科学家柯帕尔在1976年出版了《阿波罗登月后的月球》一书，书中几乎列举了当时所有最新的与月球有关的发现和证据。柯帕尔曾持有"撞击熔化"的观点，但他后来完全推翻了自己的理论，将这一理论做了180°的改动。他终于承认，"覆盖着月海的熔岩，显然不是由撞击造成的高温熔化的，因为熔岩中的各种成分毫无疑问是逐渐从月球内部自然流出的，这种情况发生在撞击月面之后很久。"他根据月球岩石的年龄和其他证据引出了这一结论，认为"对玄武岩质的月球熔岩的研究几乎遍及整个月海，同样有必要对月球内部进行调查"。

与柯帕尔研究同一问题的很多科学家，在进一步研究月球熔岩流出的机制时，又碰到更大难题，因为从月海采集到的岩石样本构造表明，月球岩石要至少承受过深达月面下90英里的压力。

从地质学角度来看，这些岩石发育得十分完善，这种深度比地球

熔岩所处的深度还深。显然，应该有"某种能量"能够把月面下90英里处的熔岩送出月面。除此之外，我们还发现，月面上曾产生过岩石和钛这类耐高温金属熔岩覆盖到月面，形成月壳。

我们可以寻找到一个确切的比喻，要产生月球熔岩所需的高温，撞击就像一柄木质的锤，无论如何，也是难以锤炼出钢材的，接下来，让我们再面向"火山"，看看月球是否存在这样的火山活动，来制造月球坚韧的月面外壳。

目前，仍有很多科学家在不厌其烦地研讨大量熔岩流出的能量是从哪里来的。月海果真是月球内部的自然火山活动形成的吗？对于这个问题，美国加利福尼亚科学技术协会的杰拉德·瓦萨巴克博士也给予了相当的关注。他的问题之一是：我们有必要致力于理解这一过程，即为什么月球的热能释放殆尽后，火山活动就会停止呢？附带的问题是，为什么形成巨大月海的大量熔岩能够从月球内部流出呢？如果存在月球活动的机制，那么它必然要给我们留下证据，证据之一便

是，火山活动把月球内部岩石熔化并将岩浆送至月面的过程中，月面上肯定有大量放射性元素的聚集。但根据美苏的月球轨道探测器的探测，以及对月球岩石标本的测试表明，这种可能性完全不存在。《科学美国人》杂志曾公开了一批岩石放射性测定结果，结果显示，月面上发现的放射性元素的放射剂量已相当衰弱。这表明，月球岩石不是迅速熔化并在短时间内以岩浆形式扩展到月海所在的区域。从这一点上说，也就完全推翻了月球内部"火山活动理论"的全部答案。

从事月球内外壳厚度研究的盖利·莱萨姆博士提出了一种设想：在月球背面引爆一个核装置，这样就可以调查振动在月球内部是如何传导的，如果发生了某个奇迹的话，那么这已在科学家的预料之中，但是许多科学家和科学刊物对此坚决反对，使这个设想化为泡影。然而另一个奇迹发生了。

1972年5月13日，一个巨大的陨石撞上月面，仿佛一下子炸响了200吨TNT炸药。美国航空航天局的地

震学家莱萨姆颇有感触地说："能碰上如此巨大的陨石真是奇迹！"

利用这一天赐良机，以莱萨姆博士为首的美国航空航天局的科学家们终于有机会测量了月球外壳的厚度。数据表明，月球外壳的厚度至少在30英里以上，对美国航空航天局的科学家来说，这个结果足令他们目瞪口呆，用莱萨姆的话来说就是"比地球上所有大陆的平均厚度厚2倍以上"。

在对这次巨大陨石撞击月面的资料进行研究后，一些科学家得出结论，月球不会形成类似火山活动那样高的温度。

假如你曾在电视中看到过那次史诗般月球探险，你就一定能够回想起来，宇航员们是如何焦急地用电钻钻探月面，而休斯敦飞行控制中心的科学家们又如何对月面的坚

我们看到的是温柔洁白的月球，宇航员看到的是奇妙的月面岩石

硬程度大感吃惊和意外的。当时使用的电钻，钻头使用的是人工合成的"黑金刚"，几乎不存在它打不穿的物质，但是，尽管宇航员们几次拼尽全力向月面下钻进，但也只能打进2～3英尺的深度。

月壳的硬度给我们留下了深刻的印象，这种印象与我们看到的火山熔岩简直有着天渊之别。

为什么月壳如此之厚，又如此之硬呢？它又是用什么手段进行的高温"处理"呢？实际上，直径只有地球1/4的月球是不可能产生如此高的温度的。我们又碰上了一个无法解答的难题。就算这么高的温度自有产生的原因（当然我们并不理解），那么对于地球和月球外壳厚度相差悬殊，现代科学又该如何解释呢？科学家们再一次陷入困惑。

神秘的月球魔力

◉ ◉ ◉ ◉ ◉ ◉ ◉

在中国传统文化中，称日、月为太阳、太阴。是说太阳和月亮作为一阳一阴，对地球上的生物、人类是有影响的。实际上，人体生物钟的存在，海洋潮汐现象的存在，某些动物昼夜不同生活习性的形成，都与日月的影响有关，这些已成为不争的事实。究其根源，这都是因为与日月的万有引力、磁场、宇宙线及光线(包括直射光和反射光)有很大关系。因为人和生物虽生活在地球表面上，但他们却时时刻刻生活在由日、月形成的地月系统和宇宙场内。月球虽小，但它与地球距离比其他行星、恒星离地球的距离都近得多(只有38万千米)。因此，影响力就显得显著得多。

月亮的圆缺影响蔬菜生长和人的生理。20世纪70年代，美国伊利诺伊大学根据实验的数据，公布了一个有趣的结果：蔬菜的生长，同月亮的圆缺有关。月圆时，马铃薯块茎淀粉的积聚速度最快。他们认为，这也许同磁场的变化有关。

据美国医学协会的一份报告说，月亮的圆缺可能会使人生病。在满月和弦月这一段时间，88个病人中有64%的病人遭受心绞痛的袭击。在地球、太阳和月亮运行到一条直线之前，38个患溃疡病的人，肠胃出血要多些。

为什么会产生这种现象呢？一些科学家认为，这可以从万有引力和电磁的变动中得出部分答案。地球和月亮相互作用，可能影响人类一些生理上和心理上的变动。

满月之夜多杀人事件。用统计学方法对暴力行为进行数量化研究，里瓦选择杀人事件作为研究题目。根据美国迈阿密市15年发生的杀人事件数量和发生时间所作的统计发现，杀人事件在满月与新月之时明显地出现高峰，不仅是杀人事件，其他暴力事件也是如此。据警察和消防人员提供的资料，满月时纽约市的放火事件比平时增加一倍。其他城市也是如此。放火和伤害事件在满月之夜特别多。据统计，东京消防厅的交通事件急救车出动次数在满月之夜也呈高峰状态。这完全证明了里瓦的理论。不仅如此，里瓦的研究还验证月龄（表示月亮盈亏的日数）从各方面对人类有影响，同时结合其他学者对月球力影响的研究，里瓦认为人之所以受到这种影响是因为生物体与宇宙产生共鸣，有生物钟存在。正像潮水有涨有落一样，月球的引力和磁场的周期性变化也会给人类带来周期性的变动，当然它要在人的行动中表现出来。里瓦认为月球的这种力对能保持自身平衡的人影响不

月球的引力和磁场的周期性变化给人类带来周期性变动

大，但是对于那些敏感于月球力的人来说，他们会因此而成为一个情绪极不稳定和不能抑制冲动的人，于是诱发各类案例。

满月和新月前后分娩多。《月的魔力》一书的译者——日本茶水女子大学的藤原正彦副教授受到里瓦的启发，也对"月球的力"进行研究。她的研究课题是"月球的力"与分娩的关系。她靠朋友的帮助从东京和岐阜的两个普通妇产医院得到了2531个婴儿的正确分娩时间。因为考虑到大医院里使用催产素和剖宫产的较多，所以没有从大医院取数据，而是从这两个普通的妇产医院取数据。将取到的数据绘成图观察，可以看到满月和新月前后产妇分娩出现高峰，而且在满月

和新月两个不同的时间里，绘出的图的形状极其相似，具有一定规律性。

假定影响分娩的是月球和太阳的力（吸引力和离心力），那么将这种力作成图，图中曲线的形状也与上图相似。在藤原正彦的论文中还有许多数学研究和数学公式，研究表明就是这种力产生的"扳机"效果引发阵痛而进行分晚。藤原正彦副教授说："一般认为用分娩图来说明月球的圆缺对分娩的影响是相当确切的，所以'扳机'效果数据理论与实际的图相吻合，这一点是很有意义的。"

随着今后更多的研究，也许还会发现更多关于月球魔力的惊人的事实。

月球神奇辉光之谜

◎ ◎ ◎ ◎ ◎ ◎ ◎ ◎ ◎

总的说来，美丽的月球是千古不毛之地，多少年来死气沉沉的表面依然故我，几乎没有什么变化。一位英国天文学家曾诙谐地打趣："如果我们带着望远镜回到恐龙时代，便会发现，那时的月球与今天所见的完全一样。"但实际上，月球并没有彻底死寂，它有许多神秘的局部活动现象(称月面暂时现象)——月面上会出现某种奇异的辉光，散发出一些神秘的云雾，局部地区暂时的变暗、变色，甚至有些环形山突然消失或莫名其妙地变大……

最早发现这种月面暂时现象的可以追溯到八百多年前。1178年6月25日是个蛾眉月之夜，英国同时有5个人在不同的地方发现，在弯弯的月钩尖角上有一种奇异的闪光。但当时这些目击者的报告并未引起人们的重视。1783年，天王星发现者威廉·赫歇耳在用口径22厘米的望远镜观测月球时，发现了"月球的阴暗部分，有一处地方在发光。其大小和一颗四等红色暗星相仿"。1787年，他又观测到了这种现象，并形容它"好像是燃烧着的木炭，还薄薄地蒙上了一层热灰。"在赫歇耳两次报告后，送到天文台的这种观测报告日渐增多，至今大约已有一千五百多起。

1866年10月16日，德国天文学家约翰·施密特宣称，原来在澄海中的一个他十分熟悉的林奈环形山(直径9.6千米)，忽然不翼而飞。1868年，有人发现一个原来只有500米大的小环形山直径已增大到了3000米。

在20世纪，这种观测报告有增无减。英国天文学家穆尔在1949年连续见到两次月面上发出的辉光。1958年11月3日和4日，苏联普耳科沃夫天文台的科兹洛夫在用口径76厘米的大望远镜观测月球时，见到了阿尔芬斯环形山的中央峰上有粉红色的喷发，持续了大约半小时之久。他拍得了这次喷发的光谱照片。这是月面暂时现象的第一个科学依据，接着，1963年，洛韦耳天文台也在月面同一地区发现了红色的亮斑……

进入空间探测时代后，登月的宇航员也有类似的发现。第一个踏上月面的阿姆斯特朗在1969年7月20日即登月前夕，曾向地面指挥中心报告："我正从北面俯视着阿里斯塔克(环形山)，那儿有个地方显然比周围区域明亮得多，仿佛正在发出一种淡淡的荧光。"而同一时刻，有两名德国天文爱好者也向柏林天文台报告，他们见到阿里斯塔环形山的西北部在发光。1992年，中国广西也有两名天文爱好者用小型望远镜发现了危海边缘有"二氧

月球发出奇异的辉光，散发出一些神秘的云雾

化氮似的颜色"(发红)达十多分钟之久。

据统计，月面暂时现象多数集中在阿里斯塔克及阿尔芬斯两个环形山区域，每处大约有三四百起。其次是在月面洼地的边缘地区。这些辉光亮暗不一，寿命也有长有短（平均为20分钟左右），涉及的范围大约有几十千米。

对于月面暂时现象的存在，现在几乎已经没有争议了，但造成的原因却至今不明。人们曾提出过各种假设。有人认为月面上还存在着少量的活火山，是它们的活动造成了这一切；有人认为是太阳风与月球作用造成的荧光；还有人猜测是某种摩擦放电形成的电火花；还有天文学家提出，这是地球对月球的潮汐作用引起的，因为地球对月球的引力要比月球对地球的引力大八十多倍；当然也有人把它与"月球人"扯在一起……

月亮上的疑问

◉　◉　◉　◉　◉　◉

美丽的月亮是多么迷人和令人神往啊！可是，当宇宙航行员登上月亮时，看到的只是一片荒漠，没有一点生命的痕迹。然而就在这个死寂、寒冷的世界，曾经发生了种种神秘莫测的以及无法解释的奇异现象。

1958年，美国《天空与望远镜》月刊报道说，月球上发现有闪耀着日光的半球形的"月球圆盖形物体"，这些物体的数目在不断变化，有的消失了，有的重新出现，有的会移动位置，它们的平均直径为250米。

"月球2号"拍摄到月面上静海区的方尖石，科学家们在《大商船》《UFO通讯》等杂志上发表文章。这些方尖石底座宽约15米，高12～22米，最高达40米。有人对这些方尖石的分布作了详细研究，计算出方尖石的角度，指出石头的布局是一个三角形，很像埃及开罗附近吉泽金字塔的分布。方尖石上有许多几何图形线条，不像是自然侵蚀形成的。

1969年，人类登上月亮后，地球人并没有发现月亮上有生命迹象。不过，科学家却深发了奇妙的畅想曲。苏联天体物理学家米哈伊尔·瓦西厄和亚历山大·晓巴科夫分析研究了从月亮带回的月岩标本说："月亮可能是外星人的产物，15亿年来，它一直是他们的宇宙。月亮是空心的，在它荒漠的表面下存在着一个极为先进的文明世界。"

在阿波罗计划进行中，当两名宇航员回到指令舱后，"无畏号"登陆舱突然坠毁于月亮上。设立在离坠落处七十多千米的地震仪，记录到了这次持续15分钟的震荡声。声音越传越远，慢慢变弱，前后达30分钟，仿佛一只巨钟发出的悠扬声音，只有月亮是空心的才会这样，如果是实心的，那声音只会延续1分钟。

"阿波罗11号"宇航员阿姆斯特朗在回答休斯敦指挥中心的问题时吃惊地说："……这些东西大得惊人！天哪！简直难以置信。我要告诉你们，那里有其他的宇宙飞船，它们排列在火山口的另一侧，它们在月球上，它们在注视着我们……"美国无线电爱好者抄报到这里时，无线电广播突然中断。阿

神奇方尖石模拟图

姆斯特朗看到了什么？美国宇航局没有解释。

另一位宇航员奥尔德林在月球上空拍到28张连续照片，记录了一个神秘的飞行物体的飞行情况。两个粘在一起的像个"雪人"形状的奇怪飞行物体突然出现在月面的左侧。2秒钟后，这个飞行物体慢慢地旋转起来，它好像在排气，尾巴上出现了喷射的现象。喷射停止后，在空中留下了长长的、流动的尾迹。神秘的飞行物体往下降落，像要冲击月面似的，然而它又突然来了个180°的转弯，再次上升。后来，它又飞临月面，同时发出强烈的亮光，开始分离，变成两个发光物体，一大一小。不久，它们斜着升空很快消失了。

在这之前，宇航员也有类似的发现。1965年12月4日，"双子星7号"宇航员洛弗尔曾看到一个像根"水管"的不明飞行物。1966年9月13日，"双子星11号"宇航员戈登在环绕地球飞行时拍摄的照片中有一个金属状的不明飞行物。

"阿波罗15号"宇航员斯科特和欧文再度踏上月亮的时候，在地球上的沃登十分惊讶地听到(录音机同时录到)一个很长的哨声，随着音调的变化，传出了20个字组成的一句重复多次的话，这陌生的发自月亮的"语言"切断了同休斯敦的一切通讯联系。

法国科学家写的《月球及其对科学的挑战》一书，刊出了48幅从未公开的月面照片，展示了月面上一些地形的变化。他说："这些原是彩色照片，那种生动的图像令人吃惊，它们表明，月亮上存在着智能活动的可能性。"

美国宇航局曾对"阿波罗号"拍摄的28张照片进行了几年的秘密审查，发现这个不明飞行物的喷射是瞬间开始，瞬间停止的，非常像以真空为背景的液体喷射。因此，有人提出这也许是一种什么信号。照片发表以后，有些人大胆畅想：种种迹象表明，月亮可能是一个被来自其他空间的智能开发利用了的星球。

地球人虽然已在月亮上留下了足迹，但对它的了解和认识还没有真正开始。

月球岩石年龄之谜

◉ ◉ ◉ ◉ ◉ ◉ ◉ ◉

　　美国NASA的专家坚持说月球岩石只有46亿年历史，与地球年龄类似。而其他方面的天文专家，天体物理学专家等化验后认为月球岩石的年龄远远大于地球，这就间接证明了月球不是起源于地球，也不是和地球同期的太阳系内的产物。二者结论相悖，又针锋相对。

　　说明月球事实上比地球古老很多，来自遥远的宇宙空间的证据有如下几个方面：

　　科学家中有人认为月球岩石的年龄在70亿~200亿年；

　　美国NASA曾宣布过月球上确实存在比太阳系和地球古老的10亿~53亿年的岩石；

　　一位获得过诺贝尔奖，同时又是一位研究月球的权威科学家提出，在月球上发现的某种元素比地球上的古老得多，可是他无法解释这种元素是怎样来到月球的；

　　研究月球的专家们说，年龄在44亿~46亿年的月球岩石是"月球上年轻岩石"；

　　科学家们在月球岩石标本中发现了大量的氩40，因而得出结论说，月球的年龄比太阳和地球的年龄大一倍，约为70亿年；

　　月面上的砂砾比月面岩石显然古老10亿年。当宇航员们将第一批月球岩石标本带回到地球供科学家们研究分析时，他们根本没有想到，月球不但比地球古老，而且比太阳系更古老。阿尔·尤贝尔说："与月球有关的物体古老而又古老……科学家们曾推测月球'当然'不会太古老，所以当面对一个如此古老的天体时，他们没有充分的思想准备。"

在实施"阿波罗计划"过程中，从月球上带回的月球岩石中，99%都比地球上90%的最古老的岩石历史更悠久，有的科学家认为在这些月球岩石中有的比太阳还古老。第一位降落在月面静海的宇航员尼尔·阿姆斯特朗信手捡得的月面岩石的历史都在36亿年以上。要知道迄今为止科学家们在地球上发现的最古老的岩石是35亿年前的东西，这种岩石是在非洲岩缝中发现的。此后科学家们又在格陵兰岛上发现了更古老一些的岩石。这种岩石可能与月面静海的岩石一样古老，是36亿年前的东西。但是历史悠久的月球岩石的发现仅仅是研究月球历史的开始，宇航员从月面带回的岩石中有的还是43亿年前形成的，甚至还有45亿年前的。"阿波罗11号"飞船带回的月面土壤标本据说历史已长达46亿年。46亿年正是太阳系形成的时候。不可思议的是这种月球土壤显然比它周围的岩石还要"年长"1亿年。

以上所述实际上包含着更为

· 充满神秘色彩的月球表面

惊人的事实。科学家们相信月海是月球最新形成的区域，那么月球的年龄当然要比月海古老。用科学记者理查德·路易斯的话来说就是："在地球上认为是最古老的岩石，在月球上却是新的类型。"这难道不令人吃惊吗？

苏联的无人月球探测器也获得了与此相同的结论。根据对从月海带回的月球岩石的调查结果，它至少与太阳一样古老，是46亿年前就形成的。

陨石是星系形成的年代标本物。要想正确判断太阳系的诞生时间，关键证明就是陨石（陨石有46亿年的历史）。而对月球岩石和土壤的研究表明，月球陨石更古老。对科学家们来说，难以理解的是，在月海发现的岩石确实是月球上的新东西。

理查德·路易斯分析说："陨石就是太阳系的'方尖碑'，它们的年龄是46亿年，是由一些极其原始的成分构成的，据悉是太阳系尚处在宇宙尘埃状态时凝聚成的。"如果在月球上发现更古老的陨石，就说明月球曾经不在太阳系待过。

毫无疑问，月球给我们提出了一个问题，月球原来并不是我们太阳系家族的成员。美国NASA几乎所有的科学家都固执地否定月球比地球的陨石（更不用说太阳系了）历史更久远。即使我们把更多的资料和证据摆到他们面前，有的科学家还是死死地抱着自己"正统"的观点不放。他们出于什么目的？不得其解。不过如果这些证据显示了另外的含意，即证实"月球—宇宙飞船"假说，那也是自然的事，并不在乎有人是否能够接受。

在实施"阿波罗计划"的初期，美国NASA的科学家们显然说过，月球的年龄是46亿年。与太阳系的年龄大致相当，但是也许比地球要古老。哈洛德·尤里博士也说过，无论我们如何强调地球年龄也是46亿年，这只不过是推测，还没有任何可资援引的证据。尤里博士是一位得出"根据确凿的证据，月球比我们的地球乃至太阳系都更为古老"这一结论的月球研究专家。直至今日，美国NASA都没有接受这种证据，因为它还顽固地坚持46亿年的"定论"。其中的奥妙，令人深思。

月球背面的奥秘

◎ ◎ ◎ ◎ ◎ ◎ ◎

月亮的旋转运动，在地球引力影响下，自转和公转周期是一致的。因此，月亮永远只以半个球面对着地球。

月亮的公转轨道面和地球公转轨道面有个夹角，这就使月亮自转轴的南端和北端，每月轮流地朝向地球，在地球上，有时能看到月亮的南极和北极以外的部分。实际上，地球上看到的月亮表面不只是半个球面，而是月亮表面的59%。

还有其余的41%的月面(月亮的背面)呢？由于它始终背着地球，人们没法瞧见，千百年来，它一直是个猜不透的谜。

有人说，月亮的背面，重力可能要比正面大一些，也许有空气和水的存在。有人预言说，可以断定那里有一片环形山，既广阔，又

明亮。也有人说，地球北半球大陆多，南半球海洋多。月亮上可能也是这样：月亮正面的中央部分是高地，月亮背面的中央部分是一片"大海"——呈暗色的平原。

1959年1月2日，苏联发射的"月球1号"，于1月4日飞抵距月亮6000千米的上空，拍摄一些照片传回了地球。

1959年10月4日，苏联又发射了"月球3号"自动行星际站。它于10月6日开始进入绕月球的轨道飞行，7日6时30分，它已转到月亮背面大约7000米的高空。当时地球上看到的是"新月"。月球背面正是受太阳照射的白天，是照相的大好时机。当行星际站运行于月亮和太阳之间的时候，在40分钟内拍摄了许多不同比例的月球背面图，然

后进行显影、定影等的自动处理，再通过电视传真把资料发回地球。这是有史以来拍摄到的第一批月亮背面的照片。从此，这个千年奥秘终于被揭开了。

月亮的背面也是像正面一样的半球，绝大部分是山区，中央部分没有"海"，其他地方虽有一些海，但是都比较小。背面的颜色比正面稍稍红些。现在，科学家已经绘制成一幅较详细的背面图，并且给那些背面的山和"海"，按国际规定来命名。

环形山以已故著名科学家名字命名的有：齐奥科夫斯基、布鲁诺、居里夫人、爱迪生等。"海"有理想海和莫斯科海等。有五座环形山用中国古代石申、张衡、祖冲之、郭守敬和万户五位科学家的名字命名。其中规模最大的是万户环

形山，面积约6万平方千米，它位于南半球，夹在赫茨普龙与帕那(都是英国物理学家)两座环形山之间。

神秘的引人注目的环形山是怎样形成的呢？

1966年，美国"月球太空船2号"拍摄的照片，使人们能够仔细地看清月面上那些大量错落、形状不一的圆丘，同美国西北部的圆丘相似。科学家认为，它们是由月亮内部熔岩向月面鼓涌形成的。

现代科学仪器观测的结果和对宇航员带回的月亮岩石所作的分析，使科学家得出这样的假设：火山活动和陨星撞击这两种自然力量在月貌的形成中都有作用。许多圆丘和较小的环形山是火山活动中形成的，而那些大环形山是陨星撞击月亮时造成的。

月球的钟声之谜

地理、天文常识告诉我们，自然形成的天体几乎都是实心的。只有人造天体、卫星、宇航器才可能是空心的。天体究竟是空心还是实心，我们当然不能用天平去称，也不能利用阿基米德浮力定理将其放入海洋中去称量。唯一的办法就是用更为先进的仪器手段去测量(比如测量共振频率，共振时间持续长短，或用无线电波探测等方法)，下面我们来看看月球的实际情况。

1969年，在"阿波罗11号"探月过程中，当两名宇航员回到指令舱后3小时，"无畏号"登月舱突然失控，坠毁在月球表面。离坠毁点72千米处的早先放置的地震仪，记录到了持续15分钟的震荡声。如果月球是实心的，这种震波只能持续3～5分钟。欧、美报纸亦曾报道

"月球钟声"，说登月舱在首次和以后几次起飞时，宇航员们听到了钟声。那儿并无教堂，月球外壳(特别是背面)像是特种金属制品，整个月球犹如一口特大的铜钟！这一现象证明月球是空心的。

1969年11月20日4点15分，由"阿波罗12号"制造了一次人工月震，其结果充分说明月球是中空的。细节如下：

美国宇航员以月面为基地设置了高灵敏度的地震仪，通过无线电波能将月震资料发送回地球。其中一台由"阿波罗12号"的宇航员设置在风暴洋。

设在月面的地震仪十分精密，比在地球上使用的地震仪灵敏度高上百倍，它能测出人们在月面造成的震动的百万分之一的微弱震动，

甚至能记录到宇航员在月面上行走的脚步声。人类首次对月球内部进行探测开始于"阿波罗12号",当宇航员乘登月舱返回指令舱时,用登月舱的推动器撞击了月球表面,随即发生了月震。这使正在进行观测的美国航空航天局的科学家们惊得目瞪口呆:月球"摇晃"震动55分钟以上,而且由月面地震仪记录到的月面"晃动"曲线是从微小的振动开始,逐渐变大的。从振动开始到消失,时间长得令人难以

置信。振动从开始到强度最大用了七八分钟,然后振幅逐渐减弱直至消失。这个过程用了大约一个小时,而且"余音袅袅",经久不绝。

"阿波罗13号"人工月震获得长达3小时的振动。在"阿波罗12号"造成"奇迹"后,"阿波罗13号"随后飞离地球进入月球轨道,宇航员们用无线电遥控飞船的第三级火箭使它撞击月面。当时的撞击相当于爆炸了11吨TNT炸药的实

月球出现的晃动而且"余音袅袅"让人倍感神秘

际效果，撞击月面的地点选在距离"阿波罗12号"宇航员设置的地震仪87英里的地方。

月球再次震撼了。如用地震学上的术语说，"月震实测持续3个小时"。月震深度达22～25英里，月震直到3小时20分钟后才逐渐结束。这种"月钟"长鸣如果用"月球—宇宙飞船"假说来解释就很自然了。这种月震就在预料之中。月球是一个表面覆盖着坚硬外壳的中空球体，如果撞击那个金属质的球壳，当然会发生这种形式的振动。

"阿波罗13号"之后又有14号，15号做了几次人工月震试验。

几次人为的月震试验和根据月震记录分析，都得出了相同的结论：月球内部并不是冷却的坚硬熔岩。科学家们认为，尽管不能得出月球这种奇怪的"震颤"意味着月球内部是完全空洞的结论，但可以推知月

球内部至少存在着某些空洞。如果把月震测试仪放置的距离再远一些，就可得出月球完全中空的结论。

根据上述事实，苏联天体物理学家米哈依尔·瓦西里和亚历山大·谢尔巴科夫大胆地提出"月球是空心"的假说，并在《共青团真理报》上指出："月球可能是外星人的产物。15亿年以来，月球一直是外星人的宇航站。月球是空心的，在它的表层还存在一个极为先进的文明世界。"

如果月球里面确实空心，且有外星人居住，则月球来到地球旁应比地球晚25亿～30亿年。但这个结论还有待考核，因为从宇航员由月球上带回来的岩石标本看，又证明岩石中有70亿年前生成的证据，这比地球和太阳年龄(46亿年)还古老。这里奥妙何在？尚待研究。

月球上的水与生命之谜

◎ ◎ ◎ ◎ ◎ ◎ ◎ ◎ ◎ ◎ ◎

1996年，美国的一些科学家在分析1994年发射的"克莱门汀1号"探测器所拍摄的月面照片时，突然有了新发现：月球南极有冰湖！

这是一个令人难以相信的事实。在20世纪60～70年代，美国先后发射了6艘"阿波罗"载人登月飞船和其他数十个无人月球探测器，都没有发现过月球上冰水的痕迹。而且，这次"克莱门汀1号"所拍摄的1500张月球南极照片中，只有1张被认为是月球冰湖的照片。因此，有人怀疑，金属含量较高的岩石也有可能产生与水的反射图像相同的雷达照片。

于是，1998年1月6日，美国又派出"月球勘探者号"探测器，专门去寻找月球的水资源。探测器携带了更先进的找水仪器，叫"中子光谱仪"。它对氢原子非常敏感，可以探测到月面水分子中的氢原子。仪器的灵敏度相当于可以在1立方米的月球土壤中探测出一杯水的含量。

"功夫不负有心人"，经过"月球勘探者号"探测器对月球表面作了7个星期的扫描后发现，月球南北两极陨石坑(也称盆地)底部的土质很松，里面有大量的氢，土下面有冰碴，而北极的冰相当于南极的2倍。经过研究分析，在当年3月5日，美国航天局向全球发布了一条振奋人心的消息：美国发射的"月球勘探者号"探测器发现月球两极存在大量冰态水，其储量约0.1亿～3亿吨，分布于月球北极近5万平方千米和南极近2万平方千米的范围内。

早在几十年前，就有科学家提出，月球南极的大谷地中可能有上十亿吨的冰。这些冰的一部分是被阳光蒸发的月球水的残留物，另一大部分是来自坠落在月球上的彗星。那么为什么过去那么多次的探月都没有发现呢？

一些学者解释说，月面大气压力不到地球大气压的一万亿分之一；在月球上阳光照射到的地方，月面的温度可达到130℃～150℃。因此，对于沸点远低于100℃的月球液态水来说，很容易沸腾蒸发。再一点是月球质量小，引力薄弱，根本无力缚住水蒸气，致使月球上气态水逃逸殆尽，不留踪迹。

然而，月球的两极非常特殊。拿月球南极来说，有一个叫艾物肯的盆地，被认为是陨石撞击形成的,而彗星的含水量在30%～80%左右，彗星中水蒸气含水量则高达90%。该盆地的直径有2500千米，深约13千米，黑暗幽深，终日不见阳光，温度一直保持在零下230℃以下，因而像冰箱里的水汽在冷冻室里凝结成霜一样，可成为固态水——冰的藏身之地。

但是由于过去探测月球都是在月球赤道附近，因此对月球两极很少了解，极冰之谜一直未揭开。

为求证月球是否有水，美国科学家高德斯坦提出了用月球勘探者"暴力寻冰"的建议。因此，美国宇航局选择在1999年7月31日月球勘探者寿命走到尽头这一天，用它来撞击月球南极的一个陨石坑。当重达160千克的探测器以每小时6000多千米的速度撞进3.2千米深的月球陨石坑时，如果冰层确实被压在冰土里，这撞击力足以释出一团水蒸气。但遗憾的是，探测器已准确击中目标，并没有探测到任何预期可见的水蒸气云雾。

水是生命之泉。月球上发现了水，人们就问：会不会有生命存在呢？即使原先没有任何生命痕迹的星球，也可以从宇宙空间别的星球带来。这里有一个有趣的故事，对月球上生命之谜也是一个探索的例证。

1967年4月，一架名叫"勘测者3号"的无人驾驶飞船在月球表面软着陆了。它是为即将登月的宇航员们探路的。完成任务之后，电源也用完了，它就成为一件"历史文物"，默默地用三条腿站在月球上。

3年之后的1970年11月19日，一个登月舱降落在离它183米的地方。舱内走出第二批登月的宇航员康拉德和比恩，他们登月的任务之一就是拜访这个寂寞的"勘探者3号"。随后，他们剪断电缆，拆下了"勘探者3号"上的摄像机，还取走了另外三个零部件，一起带回了地球。

令人惊奇的事情发生了。那具摄像机被带回休斯敦几个月后，一位微生物学家从垫在摄像机电路系统内的一小块聚氨基甲酸酯泡沫塑料中成功地培养出了一批细菌。这批细菌和人类气管中找到的微生物属于同一类型，所以它们不是一种陌生的生物。因摄像机的外壳隔开了宇航员，他们不会沾染这块泡沫塑料。因此，科学家认为，细菌是在地球上滋生的，在一个本来不利的环境里，由于摄像机的保护，竟能生存一千多天。

由此可以得出结论，是摄像机的金属外壳保护了这些细菌，那么一块陨石就更能保护它内部的小生命体了。所以，某种微生物穿过星际空间来到地球或另外的星球是完全有可能的。一旦遇到适当环境，就会大肆繁殖起来。

月球上到底有没有生命？或者过去是否存在过生命？现在还没人能确切回答这个问题。

月亮将会离开地球吗

⦿ ⦿ ⦿ ⦿ ⦿ ⦿ ⦿ ⦿ ⦿ ⦿

月亮离地球有38万千米之遥。科学家在研究地球上一种罕见的"玻璃体"时，却在月亮上找到了答案；科学家在研究生活在太平洋中的鹦鹉螺时，却发现了月亮正悄悄离地球而去。

1978年10月，英国《自然》杂志报道，美国地理学家——普林斯顿大学的卡姆和科罗拉多州立大学的普姆庇对鹦鹉螺进行研究，解剖了千百只鹦鹉螺后，发现它们是一种奇妙的"时钟"，外壁上的生长纹默默地记载着月亮在地质年代中的变化历程。

这是怎么回事呢？原来，生活在太平洋南部水域里的一种鹦鹉螺，是地球上的"活化石"。它是一种奇异的软体动物，身上背着一个大贝壳，外貌同蜗牛有点相似。

外壳呈灰白色，腹部洁白，背部有棕黄色的横条纹。壳内由隔膜分隔成许多"小室"，最外面的一个小室最大，是它居住的地方，叫"住室"。其他小室体积较小，可贮存空气，叫作"气室"。隔板中央有细管通气室和肉体相联系。鹦鹉螺依靠调节气室里空气的数量，使自身在海中沉浮，夜间来到洋面吸取氧气，白天就转移到海洋深处，改为厌氧呼吸。鹦鹉螺在吸取氧气的时候，要分泌出一种碳酸钙，并在它的贝壳出口处储存起来。白天，在厌氧呼吸过程中，碳酸钙会慢慢地溶解，并留下一条条小槽——生长纹。

有趣的是，鹦鹉螺的壳很大，有许多弧形隔板分成许多个小室，每个气室之间的生长纹约30条左右，同现代的朔望月十分接近。生长纹每天长一圈，气室一个月长一隔。

两位美国学者还考察、研究了新生代、中生代和古生代的鹦鹉螺化石，发现同一地质年代化石长生纹相同，不同地质年代化石的生长纹就不同。新生代的螺壳上是26条，中生代白垩纪的螺壳上是22条，侏罗纪的螺壳上是18条，吉生代石炭纪的螺壳上是15条，奥陶纪的螺壳上是9条。由此，人们设想到，在4亿多年前，月亮绕地球一周是9天，而随着时间的变迁，月亮的公转周期，逐渐变成15天、18天、22天、26天，直至今天的29天多。

他们还根据引力等法则作了进一步推算，所得的结果是，4亿年前，月亮和地球之间的距离只等于现在的43%左右。

月亮是地球的天然伴侣，从它开始围绕地球转第一圈的时候起，就已经存在着离开地球的可能，只是因为它被地球强大的吸引力给"挽留"住了，所以没有能走脱。

那么，今后会怎样呢？另一些科学家通过对日食的观察，并根据3000年间的天文记录的计算，发现月亮正在以每年5.8厘米的平均速度，悄悄地离球远去。

科学家得出的月亮脱离地球的速度虽然不同，可是一致的是，月亮正在缓慢地离地球而去。长此下去，月亮总有一天会飞离地球，逃之夭夭。这倒不用杞人忧天，因为那将是千百万年、几亿年甚至几十亿年以后的事了。到那时候，随着科学的进步，人类也许有可能用自己的智慧和劳动来挽留月亮，让这颗美丽的星球永远陪伴着地球。

月亮在缓慢地离地球而去，人类正在努力用智慧和劳动来挽留月亮

葡萄牙人登月之谜

◉ ◉ ◉ ◉ ◉ ◉ ◉ ◉

葡萄牙的国土面积不大，于西方工业革命中逐渐发展壮大。在世界科技史上，葡萄牙人并无太多贡献，然而18世纪初的一天，却有一位葡萄牙人大出风头。

1709年6月24日，维也纳的一家日报刊登了如下一条新闻：

一只硕大的"笨鸟"被数以千计的小鸟围攻，盘旋在市中心上空。后来小鸟纷纷着陆，露出"笨鸟"的真面目，原来是一架船状的机器，上有船帆，下有摆动的翅膀，船上的人想着陆于中心广场，却始终不能。风把他吹向塔楼，而将帆挂在塔尖上。

过了两个小时，直到那位空中旅行者从塔尖顶上摘下风帆，"笨鸟"才落到广场上。这艘飞船让卫兵保护起来，免得好奇者围观时把它踏坏，飞行家被领到旅馆里休息，并在那里把政府委托的信件交给葡萄牙公使及其他要员。

这位飞行家说，他乘坐自己新发明的空中机器于6月22日从里斯本起飞，当飞船经过月亮时，那里的生命见到他惊恐万分。他说月亮上的居民和人差不多，只是没有脚，有一层硬壳裹着身子，像乌龟似的，还说，如果葡萄牙国王发号施令，他可以率领类似装置的飞船40~50艘，每艘乘4~5名战士，轻而易举地占领月球帝国。

为了让人确信这一事件的真实性，报纸还附印了这艘葡萄牙飞船：躯壳呈船状，船首装有鸟头，后舵上插着葡萄牙国旗，翅膀和后舵上刻画出巨大的羽毛图案。

报纸传播的消息收效甚大，维

也纳居民奔走相告，街头巷尾都在议论这突如其来的场面，顿时这期报纸供不应求，人人争相购买。当时，人们对此都深信不疑。

一百八十多年后，人们开始怀疑此事是一个科幻故事。《历史大观园》1989年第12期中刊登了东北师大吴爱林的文章，对此提出了异议。文章认为，1709年6月22～24日自里斯本向维也纳的飞船飞行是编造的，第一个飞向天空的人是在这74年之后。

那时的葡萄牙失去了大量的殖民地，是一个贫穷、经济落后的国家。1707年后，葡萄牙国王若望五世开始振兴昔日强大的军队，繁荣经济，重新将政权牢牢掌握在皇室手里。此时，有一个名叫巴托罗缪·罗伦索·德·古日芒的人，从巴西来到奥地利，他受到葡萄牙国王的接见，并向国王宣称自己发明了一昼夜可行600英里的飞船，可使葡萄牙恢复昔日的强盛。不过，他没有提及任何占领月球之说。

古日芒提到了飞船的多种用途：在飞船上可以指挥军队；解救被围困的要塞城；迅速、无阻地取得情报；

人类登上月球的情景

空投军用供给及食品；可以从被围困的地方救出各种人员，而且敌方对此无能为力；商人亦可用此送期票与资产，亦可从中取出它们；并预见到从飞船里往堡垒、军舰扔炸弹这一军事用途。无疑，这比第一次使用飞机轰炸的时间早200年。

葡萄牙人因这项发明而自豪，当时国王如获至宝，自然，秘密也不向外泄露，至今人们已无从得知，维也纳报纸公布的插图是否就是古日芒飞船的图纸。

1934年，意大利发现了另一份古日芒草图。它是迄今为止人们所见的最古老的一份飞船图纸，凭旁边的附注判断，它是据葡萄牙的正本临摹下来的副本。图纸的标题是：《本年度葡萄牙国的发明，日行600英里的运载飞船，用于商贸》。标题可能是个伪装，因为古日芒设计的目的根本不是用于商贸运输，而是军用。

古日芒飞船图纸的两种记载可能该作如下理解："故意泄露假情报"。其中掩盖了发明飞船的真正目的——军用。连维也纳报纸也仅一笔带过要征服月球。葡萄牙也罢，奥地利也罢，他们的书报检察机关都不允许在争夺西班牙遗产战争之际散布飞船用于军事的想法。

在古日芒发明飞船之前的1670年，意大利的耶稣会学者弗朗西斯克·德尔齐·德·拉尼斯出了一本书，献给皇帝列奥波里一世，其中有飞船的草图，与上述飞船图相似，它的外表很像一艘多桅帆船，躯壳近似楼船，是当时极普通的海船外形。不过飞船的升力不是来自气流，而是四个大铜球，从里面抽出空气。拉尼斯认为，将铜球里的空气抽尽，飞船就能够升空。而古日芒的发明很可能是基于拉尼斯的图纸。两者存在一些相同之处。在古日芒问世21年前，拉尼斯也极为

现实地勾勒了一幅图画：飞船轰炸房屋、城堡及船只的可怕威力。

1709年8月3日、8月5日、10月30日，古日芒进行了3次重要的公开试验。他把热气强行灌入开口向下的气囊里，迫使其升空。气囊的质量是硬质的，多半是柳条糊上纸。气囊里面装上盛有可燃物质的小贮存器，点燃导火芯生成热气。第一次试验刚点着整个装置就烧毁了；第二次试验上升到升限处也突然起火了；10月30日的试验在因吉亚宫的庭院进行，飞行装置飞得很高，并完整无损地着陆。这就是葡萄牙飞船试验的经过。其实，古日芒的飞船试验从升到落时间短暂，即使未原地不动地落在宫廷院内，也不会飞出葡萄牙国界。因而很可能是人们把第三次试验成功讹传夸大，并与同年6月24日的维也纳报纸混为一谈所编撰出来的。

然而，古日芒在科技史上留下的功绩是现实而显然的：他毕竟是第一位利用热气力量进行试验的升空者。而他的飞船能否从葡萄牙飞到奥地利的维也纳，是真是伪，还有待于进一步研究。

神秘的行星会聚

◉　◉　◉　◉　◉　◉　◉

大行星的会聚会给地球和人类带来灾难吗？我们说，不会的。这是因为，行星会聚是由行星运动规律决定的，并不是"上天"的"意志"。由于九大行星绕日公转的轨道参数各不相同，因此它们在运行中必然有聚有散，它们的"会聚"就像它们的"分离"一样合情合理，并没有什么特别之处。如果说行星会聚有什么"特别"，那就是它极少出现。据计算，八大行星同时位于太阳一侧180°以内的机会很少，大约平均178.9年才会出现一次。

有人认为，大行星的会聚是引发地震的一个重要因素，其理由是，行星会聚会增大地球受到的引潮力，因而有可能触发地震。而事实并非如此。地球所受到的太阳系天体的引潮力主要来自月球和太阳。月球的质量虽小，只有太阳质量的1.27亿分之一，但月球与地球的距离只有太阳与地球平均距离的1/390，所以月球对地球的引潮力是太阳对地球的引潮力的2.25倍。金星质量虽小但与地球的距离近，所以金星对地球的引潮力是七大行星中最大的，它对地球的引潮力大约占行星总引潮力的87%；然而它对地球的引潮力仅仅只有月球引潮力的两万分之一。

那么，大行星的会聚对地球的影响到底有多大呢？1997年，美国天文学家米尤斯的计算表明，即使七大行星都和地球处在一条直线上，而且它们都位于和地球最近的距离处，它们对地球总的引潮力也只相当于太阳平均引潮力的

1/6400。显然，行星会聚时的潮汐引力对地球的影响几乎可以忽略不计，当然也就不会引发地震。

有人说八大行星会聚在太阳的一侧，会使太阳活动增强。那么，八大行星会聚究竟对太阳的影响有多大呢？会不会使太阳黑子增多？计算结果说明，所有行星对太阳的引潮力，引起太阳表面潮汐的高度不超过1毫米，完全可以忽略不计。也曾有些科学家提出太阳活动存在的60年和180年的周期，与大行星的会合周期很一致，这一问题还有待今后进一步研究。

大行星的会聚会影响地球的气候吗？多数科学家认为不会有影响，因为计算表明，八大行星当中，水星、金星、地球、木星四颗行星对太阳的引潮力占所有行星的引潮力总和的97%，而且它们几乎每三四年就有一次比较接近的机会，而太阳并没有因此发生异常现象，当然也就不会进一步影响地球上的气候变化。

但是，也有人持不同的看法，他们认为，行星和太阳的相对位置与地球的气温有一定的联系。他们把太阳和其他七大行星都处于地球的同一侧，最靠外边的两颗行星的地心黄经相差最小的年份计算出来，发现八星(这里指的相聚是以地球为中心，太阳和其他七大行星散布于一个扇形区域内，称为九星地心会聚)也具有近似179年的会聚周期。把八星如此相聚的年份与历史上气温变化相对照，他们发现，近千年来中国出现的低温期大都发生在行星相聚的年份。不过，行星和太阳都会聚在地球同一侧究竟会不会影响地球气候的变化，目前尚无定论。

行星会聚会给地球和人类带来灾难的说法显然站不住脚，但是行星、月球、太阳位置的排列和变化究竟对地球有没有影响，这种影响有多大，仍是一个值得深入探讨的科学问题。

黑暗之谜

◎ ◎ ◎ ◎

对于"夜空为什么是黑的"这个问题，你是不是也认真思考过呢？也许你没有得出结论，这是很正常的。因为，直到现在，就连那些专门研究天文的科学家们，也没有得出一个统一的答案。这个问题依然是个谜。

有人曾这样设想：如果说在宇宙中有无数颗能发光发热的恒星的话，那么我们的地球，无论转到哪个方向，都应该看到来自不同方位的恒星所发出的光。所以，按这种理论推测，我们看到的夜空，应该也和白天一样明亮才对。而事实上，我们只有面对太阳的时候，才真正看到了光明，背对太阳的时候，我们就只能看到黑夜了。那么，黑夜又是怎么形成的呢？

有人这样解释说：因为在星际间，存在着大量的气体和尘埃，它们可以吸收恒星发出的光。所以，宇宙就变得黑暗了。

这种解释显然是不能让人满意的。因为宇宙中恒星的总光度是无限大的。如果星际物质吸收那么多的能量，那么它自己一定会变热并且能发出光亮。这样一来，宇宙非但不会黑暗，反而会更加明亮。因此，这个解释是不能成立的。

1826年，由于一位名叫奥伯斯的德国天文学家首先提出了这个非常有趣的问题，所以这个问题就被称作奥伯斯佯谬，也叫光度佯谬。结果，此后一百多年，关于"夜空为什么是黑的"这个问题，总是没有一个合理的解释。

正当科学家们对奥伯斯佯谬束手无策的时候，宇宙膨胀学说的出现，给解释这一问题带来了一线希望。

1915年，美国天文学家斯里弗发现，大多数的银河系以外的星系，它们的光谱线都有红移现象。也就是说，观测到的这些河外星系的光谱线，在不停地向红色一端移动，即波长变长，光波频率变低。这是怎么回事呢？一位名叫多普勒的奥地利物理学家发现的"多普勒效应"，正好能够解释这种现象。那么，多普勒效应又是什么呢？其实这是一个关于声学方面的物理现象。在平时的生活中，我们都会有这样的感受：当一列火车迎面朝我们开过来的时候，我们会觉得火车的鸣叫越来越尖厉；当火车从我们身边飞驰而过的时候，声音会突然变小，并且越来越低，直到最后听不见为止。这就是说，当声源向观测者方向运动的时候，观测者所听到的频率会变高；相反，当声源远离观测者的时候，声音的频率就会变低。这种多普勒效应也适用于光学中：当光源向观测者方向移动的时候，光波频率会变高，波长变短，光谱线就会向紫色的一端移动；如果光源是远离观测者而去的，那么，它的波长就会变长，光谱线就会向红色一端移动了。这就叫"红移"现象。斯里弗发现的这种红移现象，说明了河外星系正不停地远离我们而去。

到了1929年，美国天文学家哈勃在进一步研究了二十多个河外星系的红移之后，得出了一个结论：宇宙中所有的星系，都在用非常快的速度，远离我们，向四面八方飞去。这就是著名的"哈勃定律"。这个定律告诉我们一个非常明显的道理：宇宙正在不断地膨胀着！

宇宙膨胀学说出现以后，人们对于夜空的黑暗就有了新的解释。有的科学家认为：因为宇宙在不断地膨胀着，所以各种星体也在不停地向远处飞行着。恒星发出的光，也会因为红移现象而使它们的能量减小。星系越远，红移越大，发出的光越暗。许多离我们地球非常遥远的恒星，它们发出的光到达地球的时候，其能量已经接近于零了。所以，我们感到夜空是黑暗的。

这个观点从理论上看，好像很有道理。但是，宇宙是从什么时候开始膨胀的？造成膨胀的原因又是什么呢？这又成了科学家们新的研究课题。因此，黑暗的夜空是因为宇宙膨胀造成的这种说法，在科学上，仍然不能成为定论。

为了揭开夜空黑暗之谜，又有人大胆地提出了另一种新的说法，认为夜空之所以黑暗，可能是宇宙诞生以前的状态。

这是怎么回事呢？

持这种观点的科学家认为，光的传播速度是有限的，虽然光速能达到大约每秒30万千米，但它毕竟还需要一定的时间。那些离我们十分遥远的星系，它们的光到达我们

群星闪耀，但夜空仍然是黑暗的

地球的时候，已经过去了几千几万年，有的甚至是几亿、几十亿年的时间了。所以，黑暗的夜空，也许就是宇宙诞生之前的样子，而并不是宇宙现在的状态。

这种观点虽然也很有道理，但是这种解释也遇到了许多难以避免的问题。比如：既然黑暗的夜空是因为宇宙还没有诞生造成的，那么宇宙又是怎样形成的呢？它又是怎样演化成现在这个样子的呢？看来，只有先弄清楚宇宙起源的问题，才能证明这一理论的正确性。虽然宇宙大爆炸学说已经被世界上多数天文学家所接受，但这种学说仍然是一种推测，还没有得到科学的证实。由此可见，黑暗的夜空是宇宙诞生之前的状态的说法，也不能成为定论。

那么，夜空为什么是黑的这个问题，该怎样回答呢？看来，只有等待着 代一代人，经过艰苦的努力探索之后，去作出正确的解释了。

伴星之谜

◉ ◉ ◉ ◉

恒星是"天马行空，独来独往"，还是像天鹅那样成双成对地遨游太空呢？有些恒星是两两组合的，现在已知的双星已超过6000对了。其实还有三合星和四合星等聚星。与地球关系最密切的太阳是一颗单星，这已是定论，似乎没有什么可怀疑的。然而，问题并非如此简单。

美国芝加哥大学的古生物学家劳普和塞普科斯基发现：在过去的2.5亿年间，每隔2600万年就发生一次生物灭绝。劳普还具体指出，每次灭绝都是彗星轰击的结果。那么是谁"派出"这些彗星来轰击地球(也可能还有别的行星)的呢？

1984年，美国物理学家穆勒等人与天体物理学家维特密里和杰克逊同时且相互独立地提出了一种新的假说——太阳并不是"单身汉"，而是有一个伴星。太阳的伴侣并不像太阳一样是滋生地球万物的母亲，而是一个很歹毒的杀手。正是它，每隔2600万年便"派"彗星轰击地球一次。为此，穆勒等人为它起了一个可怕的名字——复仇星。

计算复仇星的各种天文数据引起了天文学家们极大的兴趣，他们展开了热烈的讨论。据推算，复仇星轨道的半径为1.4光年，周期为2600万年，可能是一颗很暗的红矮星，人们甚至还对它的演化史作了推测。

为了找到复仇星，穆勒等人已在北半球拍下了几千张暗星照片，并且为了比较，间隔一段时间就重拍一次。不过观测上的困难是很多的。

对于复仇星的假设，一些科学

家提出了疑问。科学家因而转向寻找太阳系的第九大行星，希望借此来解决周期性彗星轰击的问题。也有的科学家认为，即使复仇星真有存在的可能，其彗星的轰击也不一定有2600万年的周期。

由于对复仇星的观测材料甚少，它是否真的存在，还需要长期的观测。

在寻找外星人的不懈努力中，有的人独辟蹊径，提出了一个令人耳目一新的假说。他们认为拥有高等智慧生命的外星世界，并不是在遥远的天边，而就在我们太阳系之内，而且和地球拥有同一个轨道，是地球的真正姊妹行星，我们暂且称它为"B地球"。只是由于这颗行星恰好位于地球的正对面，而且绕太阳旋转的运行速度和地球完全相同，因此地球和B地球之间就像捉迷藏一般，永远被太阳这扇"大门"挡住了视线，谁也见不到谁。

他们还认为，由于B地球与地球具有同一的轨道，距太阳的距离相同，因此将具有相同的外部环境，拥有相似的物质组成，所以也具备类同的生命发生和发展的条件，并和地球一样孕育和繁衍出了高等的智慧生物。由于生命和高技术的发展过程存在着很多偶然因素，即使在同一个星球上，也会出现先进和落后的差异，所以我们不应期望B地球人会具有和我们相同的知识水平，很可能他们比我们先进，掌握了远比我们先进的航天飞行技术。令人迷惑的不明飞行物，也许就是他们派出的用来侦察地球的飞行器。

地球果真有这样一颗姊妹行星吗？

根据波得定则，行星与太阳的距离有一定的规律，而在地球绕太阳运行的轨道上，只允许有地球这么一颗行星存在。

退一万步说，假定果真有这样一个B地球存在，虽然它和我们地球之间隔着一个巨大的太阳，在太阳引力的掩盖下，地球对其引力可能不易觉察，但它的存在一定会对太空中的小天体产生影响，比如从飞近B地球的彗星轨道的变化中，觉察到它的存在。但事实上却从来没有人观测到这种变化。由此可见，B地球纯属某些人的臆测。

恒星诞生之谜
◉ ◉ ◉ ◉ ◉ ◉ ◉

1955年，苏联著名天文学家阿姆巴楚米扬提出"超密说"。他认为，恒星是由一种神秘的"星前物质"爆炸而形成的。具体地讲，这种星前物质的体积非常小，密度非常大，但它的性质人们还不清楚。不过，多数科学家都不接受这种观点。

与"超密说"不同的是"弥漫说"，其主旨是认为恒星由低密度的星际物质构成。它的渊源可以追溯到18世纪康德和拉普拉斯提出的"星云假说"。

星际物质是一些非常稀薄的气体和细小的尘埃物质，它们在宇宙中各处构成庞大的像云一样的集团。这些物质的密度很小，每立方千米只有8～10克，主要成分是氢（90%）和氦（10%），它们的温度

为-100℃～200℃。

从观测来看，星云分为两种：被附近恒星照亮的星云和暗星云。它们的形状有网状、面包圈状等，最有名的是猎户座的"暗湾"，其形状像一匹披散着鬃毛的黑马的马头，因此也叫"马头星云"，而美国科普作家阿西莫夫说它更像迪斯尼动画片中的"大灰狼"的头部和肩部。

星云是构成恒星的物质，但真正构成恒星的物质量非常大，构成太阳这样的恒星需要一个方圆900亿千米的星云团。

从星云聚为恒星分为快收缩阶段和慢收缩阶段。前者历经几十万年，后者历经数千万年。星云快收缩后半径仅为原来的百分之一，平均密度提高1亿亿倍，最后形成一

个"星胚"。这是一个又浓又黑的云团，中心为一密集核。此后进入慢收缩，也叫原恒星阶段。这时星胚的温度不断升高，高到一定的程度就要闪烁身形，以示其存在，并步入幼年阶段。但这时发光尚不稳定，仍被弥漫的星云物质所包围着，并向外界抛射物质。

随着射电技术的不断进步，人们对恒星起源问题有了更深刻的认识，但就研究本身来说还有许多细节不清楚，特别是快收缩阶段，对其物理机制的认识还不全面，还需进行更全面的观测和更深入的研究。

德国大哲学家康德曾提出著名的时空悖论，强调人们关于宇宙有限与无限的理解必然存在着矛盾。

古典力学创立者牛顿设想：宇宙像一个无边界的大箱子，无数恒星均匀地分布在这个既无限又空虚的箱子里，靠万有引力联系着。他的观点引出了有名的"光度怪论"（即奥尔伯斯佯谬）：如果宇宙真的是无限的，恒星又是均匀地分布着，那么夜晚的天空将会变得无限明亮。

相对论大师爱因斯坦于1917年提出了有限宇宙的模型，"把宇宙看作是一个在空间尺度方面的有限闭合的连续区"，并从宇宙物质均匀分布的前提下出发，在数学上建立了一个前所未有的"无界而有限""有限而闭合"的"四维连续体"，即一个封闭的宇宙。根据爱因斯坦提供的这个"宇宙球"模型推想，在宇宙任何一点上发出的光线，都将会沿着时空曲面在100亿年后返回它的出发点。

人类目前的认识，实际上是把宇宙作为在时间上有起点，在空间上有限度的想象模型来对待的。

宇宙的范围究竟是有限的，还是无限的？现实的回答只能是：人们所能认识的宇宙还是极其有限的，只要人们找不到宇宙可以穷尽的迹象，那么就应该承认，对宇宙范围的探索是没有止境的。

恒星演化之谜

◎ ◎ ◎ ◎ ◎ ◎

人类对恒星演化过程的了解，要比对恒星起源的认识更为全面和深入。

经过恒星的幼年，恒星才真正成为一颗天体。年轻的恒星仍在收缩，因此温度仍在升高。升到1000万℃以上时，星系核心的氢元素开始进行聚变反应，并释放出能量。这样一来，恒星变得比较稳定，并进入"青壮年期"。

人类对恒星的演化过程的科学研究中，最重要的成就是20世纪初丹麦天文学家赫次普龙和美国天文学家罗素对恒星光谱和光度关系的研究，他们将此绘制成图，人们称此图为赫次普龙—罗素图，简称赫罗图。由此图可知，恒星要经过主序星（青壮年）阶段和红巨星（老年）阶段。

赫罗图非常直观，人们借此可发现在观测到的恒星中，有90%是处在主序星阶段（太阳也处在这个阶段）。这个阶段是恒星经历最长的阶段，几亿年到几十亿年。这时的恒星已不再收缩了，燃烧后的能量全部辐射掉。它的主要特征是：大质量恒星温度高，光度大，颜色偏蓝；小质量恒星温度低，光度小，颜色偏红。

当恒星变老成为一颗红巨星时，在它的核反应中，除了氢之外，氦也开始燃烧，接着又有碳加入燃烧行列。此时它的中心温度更高，可达几亿度，发光强度也在升高，体积也变得庞大。猎户座的参宿四就是一颗最老的红巨星。太阳老了之后也会变成红巨星，那时它将膨胀得非常大，以至于会把地球吞掉——如果那时人类还存在着，就要"搬家"了，搬到离太阳远一些的行星上去居住。

赫罗图的建立，是天体物理学研究取得的重要成就之一。但是由于材料尚不够完善，人们对恒星演化过程的许多细节还不是很清楚，如星际物质的化学成分，尘埃和气体的比例，尘埃的吸收能力等，这也使恒星演化理论受到了很大的挑战。

黑暗的夜空中一颗颗恒星在不断演化

恒星温度之谜

在我们能够观测到的恒星中，99%以上都和太阳一样，属于主序星的一类。平时人们所说的恒星温度，一般指的是恒星的表面温度。

任何恒星都具有一种在其自身的引力作用下发生坍缩的倾向，当它坍缩时，其内部会变得越来越热。可是，当它的内部温度越来越高时，就会发生一种膨胀的倾向。最后，当坍缩和膨胀达到平衡时，它便达到了某种固定的大小。一颗恒星的质量越大，为了平衡这种坍缩所需要的内部温度就越大，因而它的表面温度也就越高。

太阳是一颗中等大小的恒星，它的表面温度为6000℃。质量比它小的恒星，其表面温度也就比它低，有一些恒星的表面温度只有2500℃左右。

质量比太阳大的恒星，其表面温度也比太阳高，可达10000℃～20000℃，甚至更高。在所有已知的恒星中，质量最大、温度最高、亮度最强的恒星，其稳定的表面温度至少可达50000℃，甚至可能更高。也许可以大胆地说，主序星最高的稳定表面温度可以达到80000℃。

为什么不能再高呢？质量再大的恒星，其表面温度会不会比这还要高呢？这恐怕是不可能的。因为一颗普通的恒星，如果具有这样大的质量，以至它的表面温度竟高达80000℃以上，那么，这颗恒星内部的极高温度就会使它发生爆炸。在爆炸时，也许在瞬间会发出比这高得多的温度，然而当它爆炸之后，剩下的将是一颗更小更冷的恒星。

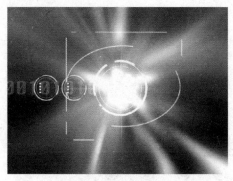
恒星温度模拟图

但是，恒星的表面并不是温度最高的部分。热景会从它的表面向外传播到该恒星周围的一层很薄的大气层中（即它的"日冕"）。这里的热量从总量上说虽然不大，但是，由于这里的原子数量相比是很少很少的，以致每一个原子可能获得大量的热供应，又因为我们以每一个原子的热能作为测量温度的标准，所以日冕的温度可高达100万摄氏度。

此外，恒星的内部温度要比其表面温度高得多，要使恒星的外层能够战胜巨人的向里拉的引力，就必须是这样。现已查明，太阳的中心温度大约是1500万摄氏度。

显然，那些质量比太阳大的恒星，它们不但表面温度更高，中心温度也会更高。同时，对于具有一定质量的恒星来说，其核心的温度一般总是随着它的年龄的增长而越来越高。有一些天文学家曾试着计算出：在整个恒星爆炸的前夕，其核心温度可以达到多少度。其中估算的最高温度是60亿摄氏度。

那些不属于主序星的天体，其温度有多高呢？尤其是那些在20世纪60年代新发现的天体，其温度可达到多少度呢？例如脉冲星的温度可达到多少度呢？有些天文学家认为，脉冲星实际上就是非常致密的中子星，这种中子星的质量虽然和一颗普通恒星一样大，但它的直径只有十几千米。这样的中子星的核心温度会不会超过60亿摄氏度这个"最大值"呢？此外还有类星体，有人认为类星体可能是由数百万颗普通恒星坍缩而成的，既然如此，这种类星体的核心温度又有多高呢？

所有这些问题，迄今为止还没有人能够回答。

互相吞食星体之谜

◎ ◎ ◎ ◎ ◎ ◎ ◎ ◎ ◎ ◎

我们知道，宇宙中星体之间的距离十分遥远，相互靠近的机会很少。但经过天文学家的观测和研究，发现星球之间也在互相吞食，互相残杀。科学家们把这类星球称为宇宙中的"杀星"。

前不久，美国天文学家就发现了一颗这样的"杀星"。这两颗恒星本来是一对双星，都已进入晚年，均属白矮星。两个星球的体积很小，但质量要比太阳大得多。经观测发现，这两颗星体靠得很近，相互围绕对方旋转运动。其中一颗大的恒星，时刻都在吞吃比它小的那一个。大恒星把小恒星的外层物质剥下来吸到自己身上，使自己越来越胖，体积和质量不断增大。而那颗被吞食的恒星，逐渐变得骨瘦如柴，现在只剩下一个光秃秃的星

核了。

不但星体之间存在着互相吞食的现象，星系之间也在互相吞食和残杀。现在有一种理论认为，宇宙中的椭圆星系就是由两个漩涡扁平星系互相碰撞、混合、吞食而成。有人曾用计算机做过模拟实验：用两组质点代表星系内的恒星，分布在两个平面内，由于引力作用，以一定的规律相向而行，逐渐趋于混合。在一定条件下，两个扁平星系经过混合却能发展成一个椭圆星系。

在宇宙中，除漩涡扁平星系和椭圆星系外，还有一种环状星系。天文学家们发现，这类星系从外形上看，恒星分布在环状圈内，有时环中央没有任何天体，有时有天体，有时环上还有结点。有人认

为，这种环状星系的形成，是两个星系碰撞、互相吞食的结果。环中心的天体和环上结点，就是相互吞食后留下的痕迹。

加拿大天文学家科门迪通过观测还发现，某些巨椭圆形星系的亮度分布异常，好像中心部位另有一个小核。他认为，这就是一个质量小的椭圆星系被巨椭圆星系吞食的结果。

前面说过，天体之间、星系之间的距离都非常遥远，碰撞和吞食的机会很少。所以，要想证实以上说法能否成立，还需要一定的时间。

天文学家发现星体之间在互相吞食

太阳黑子风暴之谜

◉　◉　◉　◉　◉　◉　◉　◉　◉

　　每隔一段时间，太阳便会出现黑子，天文学家长期以来观察的结果表明，这已经是无可争辩的事实了。前几年，太阳黑子与流行感冒的关系非常密切的观点更是使得太阳黑子成了一个受到普遍关注的问题。可是，直到今天，不但太阳黑子形成的原因仍然是一个谜，就连关于太阳黑子周期的各种说法也受到了种种质疑。

　　伽利略是最早发现太阳黑子之谜的伟大科学家，他是在1610年发现太阳黑子的。后来，通过进一步的研究表明，1610年前后恰逢太阳活动的高峰期，这时太阳产生的黑子很多。

　　德国的天文爱好者施瓦贝是最早研究太阳黑子周期的人，他从1826年开始记录太阳黑子数，并绘制出太阳黑子图。连续观测太阳黑子43年之后，施瓦贝发现，太阳黑子的活动周期是11年，多时可以看到四五群黑子，少时连一个黑子都看不到。每过11年为一个周期，称为一个"太阳黑子周"。然而，当他把自己的研究结果公布于众时，却遭到人们的质疑，没有得到赞同。

　　但是，这并没有阻碍他的研究，在经过两个"太阳黑子周"的观测之后，他确信自己的理论是正确的。于是，他又在1851年宣布了他的重要发现。这时，他的观点很快便受到了天文学家们的关注，同一年，德国著名天文学家洪堡在他的著作《宇宙》第三卷中，就采用了施瓦贝的研究结果。

　　正是这两位学者的伟大贡献，才使得太阳黑子的研究工作进入了一个崭新的阶段。为了对太阳活动和黑子变化周期排序，国际上规定，从1755年开始，在那个11年称作第一黑子周。

施瓦贝和海尔的研究成果曾经统治了天文学界几十年。19世纪70年代，美国天文学家埃迪对11年的黑子周期提出了质疑。这一质疑自然要引起一场轩然大波。1987年太阳黑子已经进入第22个黑子周。20世纪初，美国天文学家海尔又从另一个角度去研究太阳黑子，他主要研究太阳黑子的磁性。海尔的研究结果表明，太阳黑子具有极强的磁场。几年之后，他又发现黑子磁性并非是静止不变的，而是在呈一个周期不断的变动，这种变化竟与黑子周期相关。最后，海尔终于发现，黑子磁性变化周期是22年，恰好是黑子周期的2倍。为了纪念海尔的研究成果，人们将这个周期称作"海尔周期"，实际上，它就是太阳黑子的磁周期。考虑到黑子磁性变化，人们又认为黑子周期应为海尔周期。

不过，尽管对太阳黑子周期有过多种说法，但是，到目前为止，仍然没有一种说法能够让人彻底信服。更深入的研究仍然在进行之中，那么，更有说服力的理论什么时候才能够提出来呢？人们对此将拭目以待。

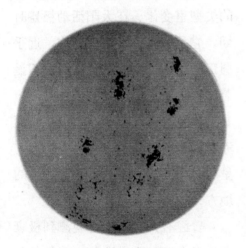

太阳黑子模拟图

太阳羽毛的奥秘

你见过日全食吗？见过日全食时太阳周围的羽毛状东西吗？1997年3月9日发生在中国漠河的日全食真是让在场的人大开眼界。一瞬之间，天空变成夜晚，太阳被月球完全遮住，只有太阳周围存在着一团白色的光圈，且在两极地区内排列着一道道放射状羽毛样的东西。这是太阳长出的"羽毛"吗？

要了解这些"羽毛"，就必须先从日冕说起。日全食发生时，平时看不到的太阳大气层就会暴露出来，形成日冕。日冕可以从太阳色球边缘向外延伸到几个太阳半径处，甚至会更远。它的颜色更白，外周带着天空的蓝色，由很稀薄的完全电离的等离子体组成，其中主要是质子、高度电离的离子和高速的自由电子。日冕的最初是千变万

化的。人们通过观察发现，自19世纪末以来，日冕的形态随着太阳黑子活动周期的变化在两个极端的尖型里变化。在太阳活动极盛时期，它是明亮的、有规则的，近乎圆形，结构(比如极羽)精细并不显著。可是在太阳活动的极衰时期，其整体并没有那样明亮。但在日面赤道，日冕的光芒底层却在扩大，呈刀剑状伸向太阳直径几倍远的地方。

曾经有人在高山上观测到极衰期的日全食，看见这些光芒伸长到离日面约1500万千米以外的地方。除此之外，极衰期的日冕往往在两极表现出一种像刷子上的一簇簇羽毛样的结构，人们叫它极羽。

极羽常出现在日面的两极区域，现已被科学家们归纳为日冕中

比背景更亮的两种延伸结构之一。它的性质人们还未完全弄清，但一般认为，聚集在太阳极区的日冕等离子气体，由起着侧壁作用的磁场维持其流体静力学平衡，并因此形成极羽。它的形状酷似磁石两极附近的铁屑组成的图案，这种沿着磁力线的分布，说明太阳有极性磁场，并可据此画出太阳的偶极磁场来。

总之，关于太阳的奥秘，日冕只算是其中的凤毛麟角罢了，要想更进一步的深入了解，小读者们就必须努力学习科学知识，长大后作进一步的研究。

日食让天空变成夜晚，太阳周围长出的羽毛让人疑惑

超新星之谜

在晴朗无月的夜晚，当你抬头仰望那漫无边际的星空时，就会注意到在以前没有星星的地方，突然冒出一颗明亮无比的星，在它面前，著名的天狼星变得暗淡无光，耀眼的"太白金星"也不能与之匹敌，甚至连太阳的光辉也不能将其压倒，那么你所见到的那颗星就是一颗超新星。

说到这里，大家也许会纳闷：平白无故怎么会突然多出一个叫作"超新星"的星呢？这是怎么回事呢？其实，超新星并不是新生成的恒星，它们是原本早就存在的恒星。要想弄清什么是超新星，首先我们要知道什么是新星。

在整个宇宙背景很暗的情况下，有些星星我们用肉眼是根本看不到的，甚至用一些大的望远镜都看不见。由于某种原因，这种恒星突然产生了爆炸，亮度一下子增长了上万倍，随后又逐渐变暗，这种星星，叫作新星。其中，我们把那些爆炸时亮度超群出众的，称为"超新星"。

那么，超新星既然是恒星爆炸时形成的，恒星为什么会爆炸呢？

为了解决这个问题，我们需要大致了解一下恒星的演化过程。大家都知道，一个人总要经历诞生、成长、衰老直至寿终的整个一生。同样，自然界的动物、植物也是如此。那么，天上的星星又怎么样呢？它们也不例外，也要经过从生到死的过程。具体可以分为"早期形成"阶段、"中年"阶段和"晚年"阶段。所谓"早期"是指恒星开始形成的时候；"中年"指恒星相对稳定的时期。我们每天所见的太阳目前就处于"中年"阶段，所以它的光度基本不变。而当恒星迈入"晚年"阶段后，它就处于一种很不稳定的状态。是什么原因造成了这种结构的不稳定呢？许多科学家对此进行了猜测和设想。有人认为进入晚年的恒星，就像一个物体由于内外受力不平衡，而被迫改变形状。由于星星要发光，它就必须消耗自身的能量。当它内部"燃料"逐渐被消耗时，它所能利用的

也就越来越少。这就使得恒星向外放出的能量大大减少。本来向外的压力和向内的引力是平衡的，而这时向外的压力大大减少，巨大的引力因此而失去抗衡，就像房屋突然断了横梁和支柱一样，就会向中心猛然"坍缩"下去。结果，中心区域的物质被挤压得十分厉害，于是从恒星内部放出巨大的能量。一种被称作"中微子"的粒子流，就像超级飓风一样把恒星摧毁。而这个过程所需要的时间非常短，不到一

晴朗无月的夜晚，明亮的超新星让群星无光

秒钟，瞬时温度可高达万亿(102)K。很难想象这个过程是如此迅猛，放出的能量如此之大，于是，我们就看到了它突然变亮的过程。这就是超新星爆炸的原因和过程。

在这里，我们可以看看历史上一颗典型的超新星的形成过程。

北宋的时候，也就是公元1054年的一天早上，东方天空中的天关星附近突然出现了一颗非常亮的星星。它光芒四射，白天看起来就像整个天空里最亮的金星一样亮。它持续了23天才开始变暗，但肉眼仍能看到。一直过了大约两年的时间，它才消失了。宋朝的天文学家们称它为"客星"。它莫名其妙地出现在天空，又莫名其妙地走了，不恰似一位太空"游客"，来也匆匆，去也匆匆吗？大约在700年以后，也就是18世纪，有个英国人用望远镜观测天空的时候，在"客星"出现的位置出现了一团很模糊的气体云，样子很像一只张牙舞爪

的大螃蟹。于是人们就给它起了一个绰号叫"蟹状星云"。后来，经过天文学家考证："客星"就是超新星爆发，而"蟹状星云"正是超新星爆发后遗留下来的物质。现在，在我们银河系里能完全肯定为超新星"事件"的只有几起，其中之一就是宋史上记载的1054"客星"。

而最近，中国的天文学家们在这方面又取得了一些新的进展：1996年4月11日和1996年10月18日，北京天文台李卫东博士发现了两颗银河系外的超新星。这两颗星分别被命名为SN1996W、SN1996BO，其中SN1996W是1996年国内外发现的最亮的一颗星，因此显得更有价值。

关于超新星，人们已经发现了许多，但对它形成的原因，却仍然处于猜想阶段。究竟是什么原因使晚年的恒星产生了大爆炸，还是一个没有得出答案的谜。

太阳的奇异光之谜

◉ ◉ ◉ ◉ ◉ ◉ ◉ ◉

早晨，当你仰望天空时，突然会看到昔日红红的太阳此时正发着绿光。你是不是会以为自己在梦中？太阳怎么会发绿光呢？

在著名的埃及金字塔中，考古学家们曾发现一幅图画，画中有一个向四周发射绿光的太阳般的东西，那么，太阳真的会发绿色的光吗？是不是也有其他色彩的太阳呢？

一个观察者曾在亚得里亚海上见过绿光很多次，他说这种绿光会逐渐变得越深越亮，让你睁不开眼。在海上无雾、晴空万里时，几乎总会有绿光出现。

法国天文学家也曾借助透镜观察到了绿光，他们是在太阳的最上端消失在海平面上时看到的，这种绿光持续的时间不超过1秒钟，但光很刺眼。

还有一位观察者看到天上的一片绿光从远处慢慢扩散开来，快要西下的夕阳就在这绿色之中，从枯黄色渐渐变成了绿色，而后整个天空也变成绿色，远处的天地也顿显绿意。这次，他们也看到了绿色的太阳。

太阳为什么会发出绿色的光呢？众所周知，太阳光是由赤橙黄绿青蓝紫七色光组成的。科学家们认为，在地球周围像地球一样成曲面的大气其实就是一个天然的向上凸的"气体透镜"，普通太阳在透过这个气体透镜时总会分解这七种光。其中黄光、橙光和红光是我们常见的，而绿光只有在符合如下条件：空气晴朗，万里无云，没有雾，大气中水蒸气含量少时才可看到。而地平线平直而清晰是看到绿

光的重要条件，在海中常可看到绿光，有时在沙漠地区也可看到。

除了绿色的太阳以外，人们在另外一些特殊的场合下，还会看到浅蓝色的太阳，但原因未明。另外，至于出现过黄色的太阳，可能是天空中笼罩着被风吹来的大量黄土尘埃的缘故吧。

太阳为什么会发出不同色彩的光？这难道是大气玩的把戏，还是有我们尚不理解的原因？

奇异的太阳光难道是太气玩的把戏

令人困惑的地球转动

◉ ◉ ◉ ◉ ◉ ◉ ◉ ◉ ◉

繁星闪闪的夜晚，细数点点星辰，你会惊异于它的精妙绝伦吗？我们所赖以生存的这个五彩缤纷的地球，就是这灿烂星河中的一颗。

科学早已告诉我们，地球在一个椭圆形轨道上围绕太阳公转，同时又绕地轴自转。正是由于不停的公转和自转，地球上才有了季节变化和昼夜交替。然而，是什么力量驱使地球这样永不停息地运动呢？地球运动的过去、现在、将来又是怎样的呢？

自科学诞生之日起，人类就对茫茫宇宙充满了好奇，从来没有停止探索的脚步。科学家们经过多年的探测和研究，对地球的转动之谜已经有了新发现。地球的自转和公转根本不是简单的线速或角速运动，而是许多复杂运动的组合。

每天日出日落，如此循环往复构成了月和年，我们似乎不觉得每日的长短有所变化。事实上，地球的自转运动受到地球大气和季节性变化及地球内部物质运动等条件的影响而不稳定地变化，并且一年内地球自转随季节变化而周期性变化：春季自转变慢，秋季加快。科学家们还发现地球的自转速度在逐年变慢。如6500万年前的白垩纪，每年约有376天，而现在一年只有365.25天。地轴即地球自转的轴心，它的两端并非固定指向天空中的一点——北极点，而是绕着这个地点，不规则地画着圆圈，在圆周内外作周期性的摆动，像一个陀螺在地球轨道面上做圆锥形的旋转。

同样，地球公转也不是那么"规范"。科学家们发现地球是在椭圆形轨道上绕太阳公转。因受太阳引力作用的不同，在由远日点向近日点运动时，公转速度变快；由近日点向远日点时则相反。

由此可见，地球就像一个古老的时钟，自诞生之日起，一边摇摇摆摆地绕太阳运动着，一边又兢兢业业地自己旋转着。在太阳系中，地球只不过是极微小的一分子，整个太阳系围绕银河系的运动也从来没有停止过，一直在浩瀚的宇宙中飞驰。

众所周知，在太阳系中，地球受太阳、月亮及其他行星的引力的作用在运动。那么，地球最初是如何运动起来的呢？它消耗能量吗？若回答是肯定的，能量又是从哪里来的呢？若回答是否定的，那它是设想中的"永动机"吗？最初的动力来源是什么呢？还有，地球未来将如何运动下去？其自转速度会一直变慢吗？这些问题现代科学还无法给予我们满意的答案。所以，地球，乃至整个宇宙的运动至今依然是令人困惑的谜团。

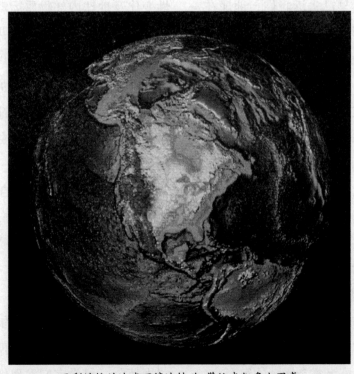

五彩缤纷的地球不停地转动，带给我们多少困惑